AF501905

ISBN 978-3-662-23713-7 ISBN 978-3-662-25804-0 (eBook)
DOI 10.1007/978-3-662-25804-0

Als Dissertation von der Philosophischen Fakultät
der Philipps-Universität zu Marburg a. d. Lahn
angenommen am 25. November 1959

Berichterstatter: Prof. Dr. WOLTER

Mitberichterstatter: Prof. Dr. FLÜGGE

Tag der mündlichen Prüfung: 9. Dezember 1959

Experimentelle und theoretische Untersuchungen an ebenen Flächenantennen

INHALTSÜBERSICHT

Sonderdruck aus
„Zeitschrift für angewandte Physik", 12. Band, 1. Heft, 1960, S. 39—47

Springer-Verlag, Berlin · Göttingen · Heidelberg

Experimentelle und theoretische Untersuchungen an ebenen Flächenantennen *

Von SIEGFRIED BLUME

Mit 26 Textabbildungen

(Eingegangen am 1. August 1959)

Übersicht über die wichtigsten Bezeichnungen

x, y, z = kartesische Koordinaten
r, ν, μ = elliptische Kegelkoordinaten
r, ϑ, φ = sphärische Polarkoordinaten
ϱ, φ = ebene Polarkoordinaten
α = halber Öffnungswinkel eines Kreissektors
$\beta = 90° - \alpha$
ε_0 = Dielektrizitätskonstante des freien Raumes
μ_0 = Permeabilität des leeren Raumes
η, Θ, ξ, Φ = Konstanten Gl. (78)
$\varkappa = 2\pi/\lambda$ = Kreiswellenzahl
λ = Wellenlänge im Vakuum
ω = Kreisfrequenz
a, b = Konstanten des elliptischen Kegelkoordinatensystems
A, B = Konstanten Gl. (83)
C_n^s = Reihenentwicklungskoeffizienten
D_n^s = Konstanten Gl. (81b), (91b), (92b)
$E_r, E_\nu, E_\mu; E_\vartheta; E_\varrho$ = elektrische Feldkomponenten in elliptischen Kegelkoordinaten, sphärischen Polarkoordinaten und ebenen Polarkoordinaten
E_0 = Konstante mit der Dimension einer elektrischen Feldstärke
$E = E(k)$ = vollständiges elliptisches Integral zweiter Gattung (mod $\cdot k$)
$F_n^s(\nu), F_n^s(\mu)$ = Lamésche Funktionen
$G_n(\alpha)$ = Entwicklungskoeffizienten des Reflexionskoeffizienten
$H_r, H_\nu, H_\mu; H_\varphi$ = magnetische Feldkomponenten in elliptischen Kegelkoordinaten und in Polarkoordinaten
H_0 = Konstante mit der Dimension einer magnetischen Feldstärke
$H_n^1(x)$ = erste Hankelsche Zylinderfunktion
$h_n^1(x) = \sqrt{\frac{\pi}{2x}}\, H_{n+\frac{1}{2}}^1(x)$
$i = \sqrt{-1}$ = imaginäre Einheit
$J_n(x)$ = Besselsche Zylinderfunktion
$j_n(x) = \sqrt{\frac{\pi}{2x}}\, J_{n+\frac{1}{2}}(x)$
$k = b/a = \cos\alpha$
$K = K(k)$ = vollständiges elliptisches Integral erster Gattung (mod $\cdot k$)
$K_n^s(\nu), L_n^s(\nu), M_n^s(\nu), N_n^s(\nu)$ = Lamésche Funktionen der vier Klassen
$\mathfrak{p}$ = Reflexionskoeffizient
P = Hertzscher Vektor (elektrischer Strahlungsvektor)
Q = Fitzgeraldscher Vektor (magnetischer Strahlungsvektor)
$\Re = R + iX$ = Eingangsimpedanz
r_0 = Länge des Kreissektors
u = skalares elektrodynamisches Potential
v = Variable Gl. (68)
w, w' = Lösungen der Wellengleichung
Z = Wellenwiderstand der Sektorleitung
$Z_0 = \sqrt{\mu_0/\varepsilon_0}$ = Feldwellenwiderstand.

Teil A

Abgrenzung der Themas

Über die Breitbandeigenschaften von flächenhaften ebenen Dipolen ist bereits in mehreren Arbeiten berichtet worden (s. [1] bis [6]). Flächenhafte Antennen wurden dabei hauptsächlich experimentell untersucht. Eine Lösung der Maxwellschen Gleichungen ist für nichtrotationssymmetrische Strahler dieser Art noch nicht bekanntgeworden.

Es soll im ersten Abschnitt dieser Arbeit die Kreissektor-Antenne als Randwertproblem behandelt werden. Im zweiten Abschnitt wird über eigene Messungen an unsymmetrischen, ebenen Flächenantennen berichtet.

* Dissertation aus dem Institut für Angewandte Physik der Universität Marburg a. d. L.

Teil B

Die Kreissektor-Antenne als Randwertproblem

1. Problemstellung und Wahl eines geeigneten Koordinatensystems

a) Problemstellung und Lösungsmethode

Wir verbinden einen Kreissektor mit dem Öffnungswinkel 2α über den Innenleiter eines Koaxialkabels mit einem unsymmetrisch arbeitenden Sender. Der Kreissektor liege in der xz-Ebene eines kartesischen Koordinatensystems. Den Außenleiter des Koaxialkabels wollen wir an eine sehr gut leitende Metallplatte anschließen, die in der yz-Ebene liegt.

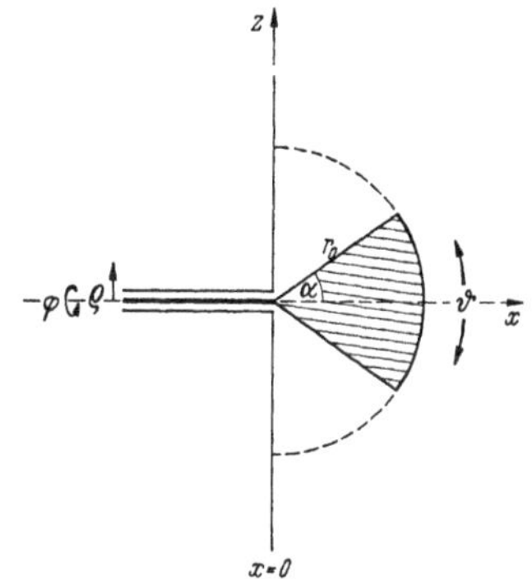

Abb. 1. Ebene Kreissektor-Antenne, axialsymmetrisch erregt

Durch diese unsymmetrische Speisung wird bei Widerstandsmessungen eine Abschirmung zwischen Strahler und Meßleitung erreicht, die, als Koaxialleitung ausgebildet, zwischen Sender und Antenne liegt.

Bei den folgenden theoretischen Untersuchungen wollen wir mit einer ins Unendliche ausgedehnten und sehr gut leitenden Grundplatte rechnen.

Eine vom Sender auf der Koaxialleitung erregte Lecher-Welle mit den Feldkomponenten E_ϱ und H_φ, auch TEM-Welle genannt, laufe in Richtung der positiven x-Achse auf den Sektor zu (Abb. 1). Beim Eintritt in die aus Kreissektor als Innenleiter und Grundebene als Außenleiter bestehende Leitung der Länge r_0 bleibt der Typ der Welle erhalten. Die Berechnung der TEM-Welle in dieser „elliptischen Kegelleitung" ist die erste Aufgabe. Am Ende unserer von der Kugelhalbfläche $r = r_0$ begrenzten Leitung setzen wir einen Teil der TEM-Welle durch eine Kugelwelle elektrischen Typs in den freien Raum fort. Der restliche Teil wird an eben dieser Aperturfläche reflektiert werden und zur Bildung einer stehenden Welle auf der Leitung führen.

Die Kugelwelle elektrischen Typs im Strahlungsraum besitzt z. B. eine elektrische Feldkomponente in Fortpflanzungsrichtung, die TEM-Welle dagegen nicht. Zur vollständigen Beschreibung der Feldverteilung auf der Aperturfläche müssen deshalb die höheren Wellentypen in der Sektorleitung neben der TEM-Welle herangezogen werden. Den Aufbau dieser E-Wellen bzw. H-Wellen der Sektorleitung — also Wellen mit einer elektrischen bzw. magnetischen Feldkomponente in Fortpflanzungsrichtung — werden wir aufzeigen. Nun ist aus der Theorie der Hohlrohrleiter bekannt, daß solche Wellentypen stets eine kritische Wellenlänge besitzen. Wenn wir das System mit einer Wellenlänge erregen, die oberhalb der größten kritischen Wellenlänge — hier von der Größenordnung r_0 — liegt, dann werden alle Nebenwellen stark gedämpft. Man wird deshalb annehmen dürfen, daß unter der Voraussetzung $\lambda > r_0$ die durch die Nebenwellen beschriebene Störung rasch abklingt. Insbesondere wird am Speisepunkt der Antenne praktisch nur die TEM-Welle vorhanden sein. Wir verzichten deshalb von vornherein auf eine vollständige Beschreibung der Feldverteilung in der Aperturfläche $r = r_0$ und berücksichtigen allein die TEM-Welle. Eine Verbesserung durch Hinzunahme höherer Wellentypen führt allerdings auch zu großen mathematischen Schwierigkeiten. Unsere Vereinfachung läßt sich schließlich auch durch die befriedigende Übereinstimmung zwischen experimentellem Befund und berechneten Werten rechtfertigen. Die Kugelwelle elektrischen Typs außerhalb des Halbkugelraumes vom Radius r_0 müssen wir gewissen Symmetrieforderungen unterwerfen. Auf der unendlich gut leitenden Grundebene müssen ferner die tangentialen elektrischen Komponenten verschwinden. Die einander entsprechenden Feldkomponenten der TEM-Welle im Innenraum der Leitung und der Kugelwelle elektrischen Typs im Außenraum der Leitung schließen wir auf der Aperturfläche aneinander an. Wir gelangen so zu einer aus den Randwerten gewonnenen Lösung der Maxwellschen Gleichungen.

Die Behandlung dieses Randwertproblems lehnt sich in der Methodik an Arbeiten von SCHELKUNOFF [7] und PAPAS u. KING [8] über rotationssymmetrische Kegelantennen an. Eine Darstellung dieser Methode findet man auch bei ZUHRT [9].

b) *Einführung elliptischer Kegelkoordinaten*

Wir führen zunächst elliptische Kegelkoordinaten r, ν, μ ein. In der Nomenklatur wollen wir uns dabei möglichst weitgehend an das Buch von HOBSON [11] halten.

$$\left.\begin{aligned} x &= \quad\; r\cos\vartheta = r\frac{\mu\nu}{b\,a}, \\ y &= r\sin\vartheta\cos\varphi = r\frac{\sqrt{\mu^2-b^2}\sqrt{b^2-\nu^2}}{b\sqrt{a^2-b^2}}, \\ z &= r\sin\vartheta\sin\varphi = r\frac{\sqrt{a^2-\mu^2}\sqrt{a^2-\nu^2}}{a\sqrt{a^2-b^2}}. \end{aligned}\right\} \tag{1}$$

a und b sind positive Zahlen, wobei willkürlich $a > b$ gesetzt wurde. r, ν, μ haben die Bereiche

$$\left.\begin{aligned} &0 \leqq r, \\ &0 \leqq \nu^2 \leqq b^2 \leqq \mu^2 \leqq a^2. \end{aligned}\right\} \tag{2}$$

Die orthogonalen Flächenscharen bestehen aus konzentrischen Kugeln

$$x^2 + y^2 + z^2 = r^2, \tag{3}$$

elliptischen Kegeln um die x-Achse

$$\frac{x^2}{\nu^2} - \frac{y^2}{b^2-\nu^2} - \frac{z^2}{a^2-\nu^2} = 0 \tag{4}$$

und elliptischen Kegeln um die z-Achse

$$\frac{x^2}{\mu^2} + \frac{y^2}{\mu^2-b^2} - \frac{z^2}{a^2-\mu^2} = 0. \tag{5}$$

Das Bogenelement lautet

$$\left.\begin{aligned} ds^2 &= dr^2 + r^2(\mu^2-\nu^2)\times \\ &\times\left(\frac{d\nu^2}{(b^2-\nu^2)(a^2-\nu^2)} + \frac{d\mu^2}{(\mu^2-b^2)(a^2-\mu^2)}\right). \end{aligned}\right\} \tag{6}$$

Die Polarachse hat bei den Transformationsformeln (1) die Richtung der positiven x-Achse. φ wird von der oberen Hälfte der xy-Ebene aus gezählt im mathematisch positiven Sinne. Wenn der Punkt $(x\,y\,z)$ einen

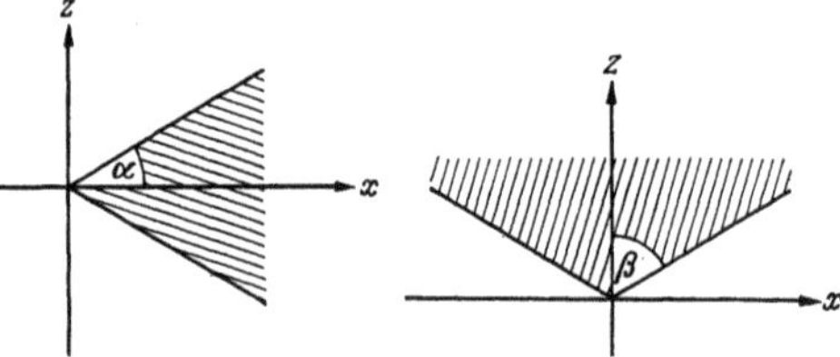

Abb. 2. Entarteter elliptischer Kegel in positiver x-Richtung

Abb. 3. Entarteter elliptischer Kegel in positiver z-Richtung

Oktanten durchläuft, so durchlaufen r, ν, μ gerade ihr oben zugewiesenes Intervall. Nimmt eine der Koordinaten ν bzw. μ ihren Grenzwert an, so rückt der Punkt $(x\,y\,z)$ gerade auf eine der Grenzebenen des Oktanten.

Untersuchung der Grenzfälle.

1. Der elliptische Kegel um die x-Achse entartet für $\nu = 0$ in die yz-Ebene.

2. Wir lassen sodann in der Gleichung des Kegels um die x-Achse $y \to 0$ gehen und setzen $\nu = b$ ein. Aus (4) ergibt sich dann

$$\frac{x^2}{z^2} = \frac{b^2}{a^2-b^2}.$$

Nun ist aber (Abb. 2)

$$\frac{x}{z} = \operatorname{ctg}\alpha.$$

Daraus folgt also

$$\operatorname{ctg}^2\alpha = \frac{b^2}{a^2-b^2}.$$

Die letzte Gleichung ist erfüllt, wenn wir setzen:

$$\cos\alpha = \frac{b}{a}, \qquad \sin\alpha = \sqrt{1-\frac{b^2}{a^2}}. \tag{7}$$

Der elliptische Kegel um die x-Achse entartet für $\nu = b$ in einen Sektor in der xz-Ebene mit dem halben

Öffnungswinkel α. Durch das Verhältnis b/a wird α festgelegt.

3. Für $\mu = a$ entartet der elliptische Kegel um die z-Achse in die xy-Ebene.

4. Wir lassen in der Gleichung des elliptischen Kegels um die z-Achse $y \to 0$ gehen und setzen $\mu = b$ ein. Aus (5) folgt:

$$\frac{x^2}{z^2} = \frac{b^2}{a^2 - b^2}.$$

Nun ist aber (Abb. 3)

$$\frac{x}{z} = \operatorname{tg}\beta.$$

Ein Vergleich ergibt

$$\operatorname{tg}\beta = \operatorname{ctg}\alpha,$$

also

$$\beta = 90° - \alpha. \tag{8}$$

Für $\mu = b$ entartet der elliptische Kegel um die z-Achse in einen Sektor mit dem halben Öffnungswinkel β in der xz-Ebene.

Unser elliptisches Kegelkoordinatensystem ist offensichtlich zur Behandlung der Aufgabe geeignet; denn die vorkommenden Flächen (Abb. 1) sind Koordinatenflächen in diesem System.

2. Die Lecher-Welle in einer elliptischen Kegelleitung

a) Berechnung der TEM-Welle in einer elliptischen Kegelleitung

Die Feldgleichungen lauten bei einer Zeitabhängigkeit $e^{-i\omega t}$ im Vakuum

$$\left.\begin{aligned} \operatorname{rot} H &= -i\omega\varepsilon_0 E, \\ \operatorname{rot} E &= i\omega\mu_0 H, \\ \operatorname{div} H &= 0, \\ \operatorname{div} E &= 0. \end{aligned}\right\} \tag{9}$$

Als Feldkomponenten kommen E_ν und H_μ in Betracht. Nach den allgemeinen Formeln für krummlinige orthogonale Koordinaten (s. [12]) erhalten wir in elliptischen Kegelkoordinaten aus den Maxwellschen Gleichungen folgende Differentialgleichungen für E_ν und H_μ:

$$\frac{1}{r}\frac{\partial}{\partial r}(r H_\mu) = i\omega\varepsilon_0 E_\nu, \tag{10}$$

$$\frac{\partial}{\partial\nu}\left(\sqrt{\mu^2 - \nu^2}\, H_\mu\right) = 0, \tag{11}$$

$$\frac{1}{r}\frac{\partial}{\partial r}(r E_\nu) = i\omega\mu_0 H_\mu, \tag{12}$$

$$\frac{\partial}{\partial\mu}\left(\sqrt{\mu^2 - \nu^2}\, E_\nu\right) = 0, \tag{13}$$

$$\frac{\partial}{\partial\mu}\left(\sqrt{\mu^2 - \nu^2}\, H_\mu\right) = 0, \tag{14}$$

$$\frac{\partial}{\partial\nu}\left(\sqrt{\mu^2 - \nu^2}\, E_\nu\right) = 0. \tag{15}$$

Die Differentialgleichung, die sich aus der Forderung $E_r = 0$ ergibt, ist in diesem System enthalten.

Aus Gl. (13) und (15) folgt

$$E_\nu = \frac{f(r)}{\sqrt{\mu^2 - \nu^2}}, \tag{16}$$

aus Gl. (11) und (14)

$$H_\mu = \frac{g(r)}{\sqrt{\mu^2 - \nu^2}}. \tag{17}$$

Aus Gl. (10) und (12) folgen schließlich die Differentialgleichungen

$$\frac{\partial^2}{\partial r^2}(r E_\nu) + \varkappa^2 \cdot (r E_\nu) = 0, \tag{18}$$

$$\frac{\partial^2}{\partial r^2}(r H_\mu) + \varkappa^2 \cdot (r H_\mu) = 0, \tag{19}$$

wobei

$$\varkappa^2 = \omega^2 \varepsilon_0 \mu_0 = \left(\frac{2\pi}{\lambda}\right)^2 \tag{20}$$

gesetzt wurde.

Gl. (18) und (19) werden durch eine r-Abhängigkeit der Form $e^{\pm i\varkappa r}/r$ erfüllt. Die allgemeine Lösung lautet also mit (16) und (17)

$$E_\nu = \frac{E_0}{\varkappa\sqrt{\mu^2 - \nu^2}}\left(\frac{e^{i\varkappa r}}{r} + \mathfrak{p}\,\frac{e^{-i\varkappa r}}{r}\right), \tag{21}$$

$$H_\mu = \frac{H_0}{\varkappa\sqrt{\mu^2 - \nu^2}}\left(\frac{e^{i\varkappa r}}{r} - \mathfrak{p}\,\frac{e^{-i\varkappa r}}{r}\right). \tag{22}$$

Aus der Differentialgleichung (10) ergibt sich für das Verhältnis der Konstanten E_0 und H_0 der Wert

$$Z_0 = \frac{E_0}{H_0} = \sqrt{\frac{\mu_0}{\varepsilon_0}} = 120\pi\,\Omega. \tag{23}$$

Z_0 ist der Feldwellenwiderstand des freien Raumes; $\mathfrak{p}$ wollen wir Reflexionskoeffizient nennen.

b) Der Wellenwiderstand der Sektorleitung

Die Feldlinien E_ν und H_μ verlaufen auf Kugeloberflächen. Eine jede Kugeloberfläche ist für unsere Lecher-Welle eine induktions- und verschiebungsstromfreie Fläche. Wir können also Spannung und Strom in eindeutiger Weise berechnen.

Die Spannung zwischen zwei Potentialflächen ν_1 und ν_2, also zwischen zwei elliptischen Kegeln um die x-Achse, ist das Linienintegral der elektrischen Feldstärke E_ν:

$$U = \int_{\nu_1}^{\nu_2} E_\nu\, ds_\nu. \tag{24}$$

Den Strom auf unserer elliptischen Kegelleitung berechnen wir aus dem Umlaufintegral der magnetischen Feldstärke H_μ um den Innenleiter:

$$I = \oint H_\mu\, ds_\mu. \tag{25}$$

Das Verhältnis U/I der auslaufenden Welle ist der Wellenwiderstand der elliptischen Kegelleitung.

$$Z = \frac{\int_{\nu_1}^{\nu_2} E_\nu\, ds_\nu}{\oint H_\mu\, ds_\mu}. \tag{26}$$

Hier wollen wir speziell den Wellenwiderstand Z einer elliptischen Kegelleitung berechnen, bei der der Innenleiter zu einem Sektor vom Öffnungswinkel 2α und der Außenleiter zu einer Ebene entartet ist (Abb. 1). Wir setzen dazu den ersten Summanden aus Gl. (21) bzw. (22) in Gl. (24) bzw. (25) ein. Die Linienelemente

ds_ν und ds_μ sind aus (6) zu entnehmen. Wir erhalten

$$U = \frac{E_0}{\varkappa} e^{i\varkappa r} \int_b^0 \frac{d\nu}{\sqrt{(b^2-\nu^2)(a^2-\nu^2)}},$$

$$I = 4\frac{H_0}{\varkappa} e^{i\varkappa r} \int_a^b \frac{d\mu}{\sqrt{(\mu^2-b^2)(a^2-\mu^2)}},$$

also

$$Z = \frac{Z_0}{4} \frac{\int_0^b \frac{d\nu}{\sqrt{(b^2-\nu^2)(a^2-\nu^2)}}}{\int_b^a \frac{d\mu}{\sqrt{(\mu^2-b^2)(a^2-\mu^2)}}}.$$

Wir formen $\int_0^b \frac{d\nu}{\sqrt{(b^2-\nu^2)(a^2-\nu^2)}}$ unter Einführung einer neuen Variablen $t = \nu/b$ um. Bei Berücksichtigung von

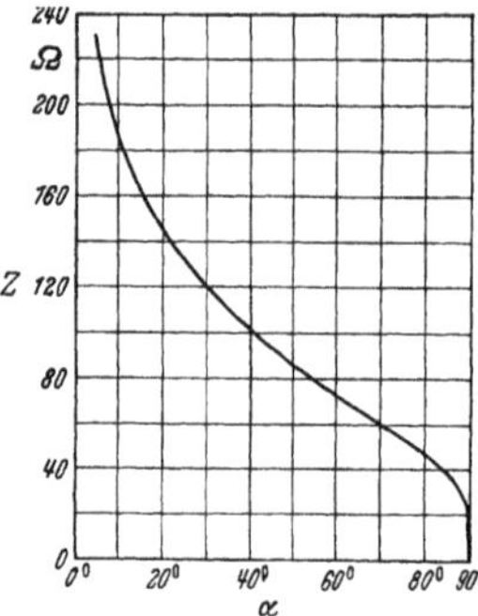

Abb. 4. Wellenwiderstand sektorförmiger Flächenantennen

$b/a = \cos\alpha$ erhalten wir

$$\int_0^b \frac{d\nu}{\sqrt{(b^2-\nu^2)(a^2-\nu^2)}} = \frac{1}{a}\int_0^1 \frac{dt}{\sqrt{(1-t^2)\left(1-\frac{b^2}{a^2}t^2\right)}} = \frac{1}{a} K(\cos\alpha).$$

Dabei ist $K(\cos\alpha)$ das vollständige elliptische Integral erster Gattung mit dem Modul $\cos\alpha$.

Mit der Substitution

$$s^2 = \frac{1 - \frac{b^2}{a^2}\left(\frac{\mu}{b}\right)^2}{\left(\frac{\mu}{b}\right)^2 - \frac{b^2}{a^2}\left(\frac{\mu}{b}\right)^2}$$

findet man ferner

$$\int_b^a \frac{d\mu}{\sqrt{(\mu^2-b^2)(a^2-\mu^2)}} = \frac{1}{a} K(\sin\alpha).$$

Dabei ist wieder $K(\sin\alpha)$ das vollständige elliptische Integral erster Gattung mit dem Modul $\sin\alpha$.

Folglich ist

$$Z = 30\pi \frac{K(\cos\alpha)}{K(\sin\alpha)} \Omega. \tag{27}$$

der Wellenwiderstand der unsymmetrischen Sektorleitung. Wir wollen stattdessen auch vom Wellenwiderstand der Kreissektor-Antenne sprechen. Der Wellenwiderstand der entsprechenden symmetrischen Leitung ist doppelt so groß.

In Abb. 4 ist Z als Funktion von α aufgetragen.

Eine entsprechende Formel ist bereits von ARLT [6] über die Lösung der Potentialgleichung abgeleitet worden, die dasselbe liefert.

Zu den Darstellungen (21) und (22) ist noch folgendes zu bemerken: E_ν und H_μ werden (abgesehen von $r = 0$) singulär für $\nu = \mu = b$, d.h., gerade an den Kanten des Sektors. Die Funktion $\frac{1}{r\sqrt{\mu^2-\nu^2}}$ ist aber auf einer Kugeloberfläche $r = r_0$ quadratisch integrierbar:

$$\int_{\text{Kugel-oberfläche}} \frac{df}{r^2(\mu^2-\nu^2)} = 8\int_0^b d\nu \int_b^a d\mu \frac{1}{\sqrt{(b^2-\nu^2)(a^2-\nu^2)}\sqrt{(\mu^2-b^2)(a^2-\mu^2)}} = \frac{8}{a^2} K(\cos\alpha) K(\sin\alpha).$$

Sie kann somit dort nach einem vollständigen orthogonalen Funktionensystem entwickelt werden.

3. *Kugelwellen elektrischen und magnetischen Typs in elliptischen Kegelkoordinaten*

a) Berechnung der Kugelwelle elektrischen Typs im Strahlungsraum

Im Innenraum der Leitung haben wir uns auf die TEM-Welle festgelegt. Insbesondere läuft die Komponente H_μ auf Kreisperipherien direkt um den Sektor herum. Der Vektor der Stromdichte auf der Antenne kann deshalb bei dieser Beschränkung auf die TEM-Welle auch nur eine radiale Komponente besitzen. Dann hat aber der Hertzsche Vektor P im Außenraum der Leitung auch nur eine von Null verschiedene Komponente P_r.

Zur Lösung der Maxwellschen Gleichungen

$$\operatorname{rot} H = -i\omega\varepsilon_0 E, \tag{28a}$$

$$\operatorname{rot} E = i\omega\mu_0 H, \tag{28b}$$

$$\operatorname{div} H = 0, \tag{29a}$$

$$\operatorname{div} E = 0 \tag{29b}$$

machen wir den Ansatz

$$H = -i\omega\varepsilon_0 \operatorname{rot} P \tag{30}$$

mit $P = (P_r, 0, 0)$. Dann folgt aus Gl. (28b)

$$\operatorname{rot} E = \varkappa^2 \operatorname{rot} P,$$

also

$$E = \varkappa^2 P + \operatorname{grad} u, \tag{31}$$

da ja die Rotation eines Gradienten verschwindet.

Durch den Ansatz (30) ist $\operatorname{div} H = 0$ erfüllt. Wir bestimmen jetzt den Zusammenhang zwischen der skalaren Funktion u und der Komponente P_r des Hertzschen Vektors aus der ersten Maxwellschen Gl. (28a). Dann ist auch $\operatorname{div} E = 0$ erfüllt. Dazu setzen wir (30) und (31) in Gl. (28a) ein. Wir erhalten

$$\varkappa^2 P + \operatorname{grad} u - \operatorname{rot}\operatorname{rot} P = 0. \tag{32}$$

Die Vektorgleichung (32) zerlegen wir in die drei Komponentengleichungen

$$\left.\begin{aligned}&\frac{\partial u}{\partial r}+\frac{\sqrt{(b^2-\nu^2)(a^2-\nu^2)}}{r^2(\mu^2-\nu^2)}\frac{\partial}{\partial\nu}\left(\sqrt{(b^2-\nu^2)(a^2-\nu^2)}\frac{\partial P_r}{\partial\nu}\right)+\\&+\frac{\sqrt{(\mu^2-b^2)(a^2-\mu^2)}}{r^2(\mu^2-\nu^2)}\frac{\partial}{\partial\mu}\left(\sqrt{(\mu^2-b^2)(a^2-\mu^2)}\frac{\partial P_r}{\partial\mu}\right)+\\&+\varkappa^2P_r=0,\end{aligned}\right\}\quad(33)$$

$$\frac{\partial u}{\partial\nu}-\frac{\partial^2P_r}{\partial r\,\partial\nu}=0,\quad(34)$$

$$\frac{\partial u}{\partial\mu}-\frac{\partial^2P_r}{\partial r\,\partial\mu}=0.\quad(35)$$

Die beiden letzten Gleichungen sind erfüllt für

$$u=\frac{\partial P_r}{\partial r}.\quad(36)$$

Wir setzen

$$P_r=r\,w.\quad(37)$$

Es ist also

$$u=\frac{\partial(r\,w)}{\partial r}.$$

Wir führen dies in Gl. (33) ein, die wir vorher noch durch r dividieren. Wegen

$$\frac{1}{r}\frac{\partial u}{\partial r}=\frac{1}{r}\frac{\partial^2(r\,w)}{\partial r^2}=\frac{1}{r^2}\frac{\partial}{\partial r}\left(r^2\frac{\partial w}{\partial r}\right)$$

findet man

$$\left.\begin{aligned}&\frac{1}{r^2}\frac{\partial}{\partial r}\left(r^2\frac{\partial w}{\partial r}\right)+\\&+\frac{\sqrt{(b^2-\nu^2)(a^2-\nu^2)}}{r^2(\mu^2-\nu^2)}\frac{\partial}{\partial\nu}\left(\sqrt{(b^2-\nu^2)(a^2-\nu^2)}\frac{\partial w}{\partial\nu}\right)+\\&+\frac{\sqrt{(\mu^2-b^2)(a^2-\mu^2)}}{r^2(\mu^2-\nu^2)}\frac{\partial}{\partial\mu}\left(\sqrt{(\mu^2-b^2)(a^2-\mu^2)}\frac{\partial w}{\partial\mu}\right)+\\&+\varkappa^2w=0.\end{aligned}\right\}\quad(38)$$

Das ist aber gerade die in elliptischen Kegelkoordinaten angeschriebene Wellengleichung für die skalare Funktion w. Der Ansatz

$$w=R(r)\,Y(\nu;\mu)\quad(39)$$

führt mit der Separationskonstanten q zu den folgenden Differentialgleichungen:

$$\left.\begin{aligned}&\sqrt{(b^2-\nu^2)(a^2-\nu^2)}\frac{\partial}{\partial\nu}\left(\sqrt{(b^2-\nu^2)(a^2-\nu^2)}\frac{\partial Y(\nu;\mu)}{\partial\nu}\right)+\\&\quad+\sqrt{(\mu^2-b^2)(a^2-\mu^2)}\times\\&\quad\times\frac{\partial}{\partial\mu}\left(\sqrt{(\mu^2-b^2)(a^2-\mu^2)}\frac{\partial Y(\nu;\mu)}{\partial\mu}\right)-\\&\quad-q(\mu^2-\nu^2)\,Y(\nu;\mu)=0,\end{aligned}\right\}\quad(40)$$

$$\frac{d}{dr}\left(r^2\frac{dR(r)}{dr}\right)+(\varkappa^2r^2+q)\,R(r)=0.\quad(41)$$

Zur Differentialgleichung (40)

Die Funktionen $Y(\nu;\mu)$ sind Funktionen auf einer Kugeloberfläche. Eine Transformation der Differentialgleichung (40) auf Kugelkoordinaten ϑ und φ führt uns zur Differentialgleichung der Kugelflächenfunktionen $\tilde{Y}(\vartheta;\varphi)$. Hieraus erklärt sich, daß wir nur dann zu auf der ganzen Kugeloberfläche regulären Lösungen $Y(\nu;\mu)$ gelangen, wenn wir der Separationskonstanten q den Wert $-n(n+1)$ geben, wobei $n=0;1;2;3;\ldots$ sein kann. Die regulären Funktionen $Y(\nu;\mu)$ sind äquivalent den regulären Kugelflächenfunktionen $\tilde{Y}(\vartheta;\varphi)$. Man kann über die Transformation der Glieder $\cos\vartheta$, $\sin\vartheta\cdot\sin\varphi$ und $\sin\vartheta\cdot\cos\varphi$ der Kugelflächenfunktionen nach den Formeln (1) zu einer Darstellung der „Laméschen Produkte" $Y(\nu;\mu)$ gelangen (s. HEINE [10] und HOBSON [11]). Der Separationsansatz

$$Y(\nu;\mu)=F_1(\nu)\cdot F_2(\mu)\quad(42)$$

führt uns mit der Separationskonstanten $-p(b^2+a^2)$ von der Differentialgleichung (40) zu den folgenden Differentialgleichungen:

$$\left.\begin{aligned}&\sqrt{(b^2-\nu^2)(a^2-\nu^2)}\frac{d}{d\nu}\left(\sqrt{(b^2-\nu^2)(a^2-\nu^2)}\frac{dF_1(\nu)}{d\nu}\right)+\\&\qquad+[p(b^2+a^2)-n(n+1)\nu^2]F_1(\nu)=0,\end{aligned}\right\}\quad(43)$$

$$\left.\begin{aligned}&-\sqrt{(\mu^2-b^2)(a^2-\mu^2)}\frac{d}{d\mu}\left(\sqrt{(\mu^2-b^2)(a^2-\mu^2)}\frac{dF_2(\mu)}{d\mu}\right)+\\&\qquad+[p(b^2+a^2)-n(n+1)\mu^2]F_2(\mu)=0.\end{aligned}\right\}\quad(44)$$

Man erhält also zwei genau gleiche Differentialgleichungen, die sich nur durch das Symbol ν bzw. μ voneinander unterscheiden. Im folgenden soll daher der Index 1 bzw. 2 weggelassen werden. Man nennt Gl. (43) bzw. (44) „Lamésche Differentialgleichung". Die Konstante p ist zunächst willkürlich, so daß es also in einer unendlichen Anzahl von Wegen möglich ist, Lösungen der Differentialgleichungen (43) bzw. (44) zu finden. Mann kann aber für positive ganze Werte von n die Konstante p so wählen, daß die Funktionen $F(\nu)$ bzw. $F(\mu)$ Polynome werden, die für den gesamten Wertebereich von ν bzw. μ endlich sind. Es gibt für jedes positive ganze n jeweils $2n+1$ solcher Polynome. Die $2n+1$ Polynome $F_n(\mu)$ lassen sich für jedes positive ganze n in folgende vier Klassen einteilen:

$$\left.\begin{aligned}K_n(\mu)&=c_0\mu^n+c_1\mu^{n-2}+c_2\mu^{n-4}+\cdots,\\L_n(\mu)&=\sqrt{\mu^2-b^2}\,(c_0\mu^{n-1}+c_1\mu^{n-3}+\cdots),\\M_n(\mu)&=\sqrt{a^2-\mu^2}\,(c_0\mu^{n-1}+c_1\mu^{n-3}+\cdots),\\N_n(\mu)&=\sqrt{(\mu^2-b^2)(a^2-\mu^2)}\,(c_0\mu^{n-2}+c_1\mu^{n-4}+\cdots).\end{aligned}\right\}\quad(45)$$

Dasselbe gilt für die Polynome $K_n(\nu)$, $L_n(\nu)$, $M_n(\nu)$ und $N_n(\nu)$, wobei die Wurzeln stets so zu schreiben sind, daß sie reelle Werte im gesamten Bereich von ν bzw. μ besitzen. Wir wollen schließlich durch einen zweiten Index s diejenigen Polynome unterscheiden, die bei festgehaltenem n zu einer Klasse gehören. Wegen (37), (39) und (42) wird sich also die Vektorkomponente P_r, abgesehen vom Radialanteil, als eine Linearkombination der folgenden „Laméschen Produkte" ergeben:

$$\left.\begin{aligned}&K_n^s(\nu)\,K_n^s(\mu),\\&L_n^s(\nu)\,L_n^s(\mu),\\&M_n^s(\nu)\,M_n^s(\mu),\\&N_n^s(\nu)\,N_n^s(\mu).\end{aligned}\right\}\quad(46)$$

Es ist also in einer Reihenentwicklung nach Laméschen Produkten

$$\sum_n\sum_s C_n^s\,F_n^s(\nu)\,F_n^s(\mu)$$

jedes Produkt $F_n^s(\nu)\cdot F_n^s(\mu)$ so zu verstehen, daß $F_n^s(\nu)$ stets genau dieselbe Funktion ist wie $F_n^s(\mu)$, daß also keine Glieder

$$K_n^s(\nu)\,K_{n'}^s(\mu),\quad K_n^s(\nu)\,K_n^{s'}(\mu),$$
$$K_n^s(\nu)\,L_n^s(\mu),\quad K_n^s(\nu)\,M_n^s(\mu),\ldots$$

mit $n \neq n'$ bzw. $s \neq s'$ vorkommen. Bei festem n sind die $2n+1$ Produkte (46) voneinander linear unabhängig.

Die Laméschen Produkte stellen im übrigen ein vollständiges orthogonales Funktionensystem dar. Soll eine gegebene Funktion $f(\nu;\mu)$ nach Laméschen Produkten entwickelt werden, so hat man sie vorher zu zerlegen in Teile, die den Laméschen Produkten der vier Klassen in ihrer Form entsprechen. Jeder dieser Teile von $f(\nu;\mu)$ wird dann gerade nach Produkten einer dieser vier Klassen entwickelt (s. HEINE [10] und HOBSON [11]).

Die Vektorkomponente P_r wird also in unserem Fall in bezug auf ihren Winkelanteil zunächst dargestellt werden durch eine Linearkombination aller Laméschen Produkte:

$$\left.\begin{aligned}&K_n^s(\nu)\,K_n^s(\mu),\\ \sqrt{b^2-\nu^2}\,\sqrt{\mu^2-b^2}\,&S_{n-1}^s(\nu)\,S_{n-1}^s(\mu),\\ \sqrt{a^2-\nu^2}\,\sqrt{a^2-\mu^2}\,&T_{n-1}^s(\nu)\,T_{n-1}^s(\mu),\\ \sqrt{(b^2-\nu^2)(a^2-\nu^2)}\,\sqrt{(\mu^2-b^2)(a^2-\mu^2)}\,&\times\\ \times\,&U_{n-2}^s(\nu)\,U_{n-2}^s(\mu).\end{aligned}\right\}\quad(47)$$

Dabei sind K, S, T, U reine Polynome von ν bzw. μ. Die Faktoren vor diesen Polynomen können wir nach den Transformationsformeln (1) in Kugelkoordinaten anschreiben; bis auf Konstanten also:

$$\left.\begin{aligned}&K_n^s(\nu)\;K_n^s(\mu),\\ \sin\vartheta\cos\varphi\,&S_{n-1}^s(\nu)\;S_{n-1}^s(\mu),\\ \sin\vartheta\sin\varphi\,&T_{n-1}^s(\nu)\;T_{n-1}^s(\mu),\\ \sin^2\vartheta\sin\varphi\cos\varphi\,&U_{n-2}^s(\nu)\;U_{n-2}^s(\mu).\end{aligned}\right\}\quad(48)$$

Aus Symmetriegründen muß aber der Hertzsche Vektor unseres Problems folgender Forderung genügen: Er muß, wie die TEM-Welle im Innenraum der Leitung, in allen vier Oktanten des betrachteten Halbraumes außerhalb der Kugelhalbfläche $r=r_0$ (Abb. 1) gleich aufgebaut sein, d.h., er muß invariant sein gegenüber Spiegelungen an den beiden Symmetrieebenen des Kreissektors. Da die Exponenten zweier aufeinanderfolgender Glieder in den Polynomen K, S, T, U sich jeweils um zwei Einheiten unterscheiden, stehen in den Produkten

$$K_n^s(\nu)\cdot K_n^s(\mu),\qquad S_{n-1}^s(\nu)\cdot S_{n-1}^s(\mu),$$
$$T_{n-1}^s(\nu)\cdot T_{n-1}^s(\mu),\qquad U_{n-2}^s(\nu)\cdot U_{n-2}^s(\mu)$$

nur Glieder der Form

$$(\nu\mu)^j\,(\nu^{2k}+\mu^{2k}).$$

Aus den Transformationsformeln (1) erhält man aber leicht

$$\nu\mu = ba\cos\vartheta,$$
$$\nu^2+\mu^2 = a^2\left[\left(1+\frac{b^2}{a^2}\right)-\left(\sin^2\varphi+\frac{b^2}{a^2}\cos^2\varphi\right)\sin^2\vartheta\right].$$

Man erkennt also sofort, daß die zuletzt angeschriebenen Produkte invariant sind gegenüber Spiegelungen der oben erwähnten Art. Dieser Forderung genügen dagegen die Faktoren $\sin\varphi$, $\cos\varphi$ und $\sin\varphi\cdot\cos\varphi$ in (48) nicht. Wir ziehen daraus den Schluß, daß der Hertzsche Vektor unseres Problems im Außenraum in bezug auf seinen Winkelanteil nur aus Laméschen Produkten vom Typ $K_n^s(\nu)\cdot K_n^s(\mu)$ aufgebaut werden darf.

Für geradzahliges n findet man $\frac{n}{2}+1$ Funktionen der Klasse K. Für ungeradzahliges n findet man $\frac{1}{2}(n+1)$ Funktionen der Klasse K.

Zur Differentialgleichung (41)

Mit $q=-n(n+1)$ lautet Gl. (41):

$$\frac{d}{dr}\left(r^2\frac{dR(r)}{dr}\right)+\left(\varkappa^2 r^2-n(n+1)\right)R(r)=0.$$

Das ist aber gerade die Differentialgleichung der halbzahligen sphärischen Zylinderfunktionen. Da uns nur ins Unendliche auslaufende Wellen interessieren, kommen bei einer Zeitabhängigkeit $e^{-i\omega t}$ nur sphärische Hankel-Funktionen erster Art in Frage

$$\frac{H^1_{n+\frac{1}{2}}(\varkappa r)}{\sqrt{\varkappa r}}.$$

Damit ist gleichzeitig die Sommerfeldsche Ausstrahlungsbedingung erfüllt.

Die hier allein interessierende Lösung der Wellengleichung

$$\Delta w+\varkappa^2 w=0$$

lautet also wegen (39):

$$w=\frac{\sqrt{\frac{\pi}{2}}}{\varkappa}\sum_n\sum_s C_n^s\,\frac{H^1_{n+\frac{1}{2}}(\varkappa r)}{\sqrt{\varkappa r}}\,K_n^s(\nu)\,K_n^s(\mu).$$

Die Koeffizienten C_n^s sind zunächst unbekannt. Aus Zweckmäßigkeitsgründen ist die Konstante $\frac{\sqrt{\frac{\pi}{2}}}{\varkappa}$ vor die Doppelsumme gezogen worden.

Wegen $P_r = rw$ findet man also

$$P_r=\frac{\sqrt{\frac{\pi}{2}}}{\varkappa}\sum_n\sum_s C_n^s\sqrt{\frac{r}{\varkappa}}\,H^1_{n+\frac{1}{2}}(\varkappa r)\,K_n^s(\nu)\,K_n^s(\mu).\quad(49)$$

Die Komponenten des elektromagnetischen Feldes folgen hiermit bei Berücksichtigung von (36) aus (30) und (31). Wir berechnen zunächst die Komponente E_r.

$$\begin{aligned}E_r&=\varkappa^2 P_r+\operatorname{grad}_r u\\ &=\varkappa^2 P_r+\frac{\partial}{\partial r}\left(\frac{\partial P_r}{\partial r}\right)\\ &=\frac{\sqrt{\frac{\pi}{2}}}{\varkappa}\sum_n\sum_s C_n^s\Big[\varkappa^2\sqrt{\frac{r}{\varkappa}}\,H^1_{n+\frac{1}{2}}(\varkappa r)+\\ &\qquad+\frac{d^2}{dr^2}\left(\sqrt{\frac{r}{\varkappa}}\,H^1_{n+\frac{1}{2}}(\varkappa r)\right)\Big]K_n^s(\nu)\,K_n^s(\mu).\end{aligned}$$

E_r muß auf der unendlich gut leitenden Grundebene, d.h. für $\nu=0$, verschwinden. $K_n^s(\nu)$ ist nun für geradzahliges n eine gerade Funktion von ν und für ungeradzahliges n eine ungerade Funktion von ν. Wir erfüllen also die Randbedingung, wenn wir nur über ungerade n

summieren. P_r lautet also schließlich:

$$P_r = \frac{\sqrt{\frac{\pi}{2}}}{\varkappa} \sum_{n=1;3;5}^{\infty} \sum_{s=1}^{\frac{1}{2}(n+1)} C_n^s \sqrt{\frac{r}{\varkappa}} H_{n+\frac{1}{2}}^1(\varkappa r)\, K_n^s(\nu)\, K_n^s(\mu). \quad (50)$$

Hiermit berechnen wir die Feldkomponente E_ν

$$\left.\begin{aligned} E_\nu &= \operatorname{grad}_\nu u = \sqrt{\frac{(b^2-\nu^2)(a^2-\nu^2)}{r^2(\mu^2-\nu^2)}}\,\frac{\partial}{\partial\nu}\left(\frac{\partial P_r}{\partial r}\right) \\ &= \sqrt{\frac{(b^2-\nu^2)(a^2-\nu^2)}{\mu^2-\nu^2}} \sum_{n=1;3;5}^{\infty} \sum_{s=1}^{\frac{1}{2}(n+1)} C_n^s \frac{\sqrt{\frac{\pi}{2}}}{\varkappa r} \times \\ &\times \frac{d}{d(\varkappa r)}\left(\sqrt{\varkappa r}\, H_{n+\frac{1}{2}}^1(\varkappa r)\right) \frac{dK_n^s(\nu)}{d\nu} K_n^s(\mu) \end{aligned}\right\} \quad (51)$$

und die Feldkomponente H_μ

$$\left.\begin{aligned} H_\mu &= -i\omega\varepsilon_0 \operatorname{rot}_\mu P = i\omega\varepsilon_0 \sqrt{\frac{(b^2-\nu^2)(a^2-\nu^2)}{r^2(\mu^2-\nu^2)}}\,\frac{\partial P_r}{\partial\nu} \\ &= i\sqrt{\frac{\varepsilon_0}{\mu_0}} \sqrt{\frac{(b^2-\nu^2)(a^2-\nu^2)}{\mu^2-\nu^2}} \times \\ &\times \sum_{n=1;3;5}^{\infty} \sum_{s=1}^{\frac{1}{2}(n+1)} C_n^s \sqrt{\frac{\pi}{2\varkappa r}} H_{n+\frac{1}{2}}^1(\varkappa r) \frac{dK_n^s(\nu)}{d\nu} K_n^s(\mu). \end{aligned}\right\} \quad (52)$$

Dabei wurde nach Gl. (20) $\varkappa^2 = \omega^2 \varepsilon_0 \mu_0$ gesetzt.

Es gilt nun allgemein für Zylinderfunktionen (s. SOMMERFELD [14])

$$\frac{dZ_k(x)}{dx} = Z_{k-1}(x) - \frac{k}{x} Z_k(x).$$

Damit wird hier

$$\begin{aligned} \frac{1}{x}\frac{d}{dx}\left(\sqrt{x}\, H_{n+\frac{1}{2}}^1(x)\right) &= \frac{1}{\sqrt{x}} \frac{dH_{n+\frac{1}{2}}^1(x)}{dx} + \frac{1}{2x^{\frac{3}{2}}} H_{n+\frac{1}{2}}^1(x) \\ &= \frac{1}{\sqrt{x}} H_{n-\frac{1}{2}}^1(x) - \frac{n}{x^{\frac{3}{2}}} H_{n+\frac{1}{2}}^1(x). \end{aligned}$$

Wir setzen

$$h_n^1(x) = \sqrt{\frac{\pi}{2x}} H_{n+\frac{1}{2}}^1(x).$$

Dann ist also

$$\frac{\sqrt{\frac{\pi}{2}}}{x}\frac{d}{dx}\left(\sqrt{x}\, H_{n+\frac{1}{2}}^1(x)\right) = h_{n-1}^1(x) - \frac{n}{x} h_n^1(x). \quad (53)$$

In dem Buch von MORSE und FESHBACH [15] sind die Funktionen $h_n^1(x)$ nach Betrag und Phase tabelliert. In dieser Arbeit dagegen wurden zur numerischen Auswertung die Tabellen des *U.S. National Bureau of Standards* [16] benutzt.

Wir schreiben jetzt:

$$\left.\begin{aligned} E_\nu &= \sqrt{\frac{(b^2-\nu^2)(a^2-\nu^2)}{\mu^2-\nu^2}} \times \\ &\times \sum_{n=1;3;5}^{\infty} \sum_{s=1}^{\frac{1}{2}(n+1)} C_n^s \left[h_{n-1}^1(\varkappa r) - \frac{n}{\varkappa r} h_n^1(\varkappa r)\right] \times \\ &\qquad \times \frac{dK_n^s(\nu)}{d\nu} K_n^s(\mu), \end{aligned}\right\} \quad (54)$$

$$\left.\begin{aligned} H_\mu &= \frac{i}{Z_0} \sqrt{\frac{(b^2-\nu^2)(a^2-\nu^2)}{\mu^2-\nu^2}} \times \\ &\times \sum_{n=1;3;5}^{\infty} \sum_{s=1}^{\frac{1}{2}(n+1)} C_n^s h_n^1(\varkappa r) \frac{dK_n^s(\nu)}{d\nu} K_n^s(\mu). \end{aligned}\right\} \quad (55)$$

b) Die E-Wellen und H-Wellen der Sektorleitung

Wir sind nun in der Lage, neben der bereits bekannten TEM-Welle die Wellen elektrischen bzw. magnetischen Typs — also Wellen mit einer elektrischen bzw. magnetischen Feldkomponente in Fortschreitungsrichtung — im Innengebiet der Sektorleitung anzugeben (Abb. 1). Bei einer Erweiterung der Theorie sind sie zur vollständigen Beschreibung der Feldverteilung in der Aperturfläche $r = r_0$ neben der TEM-Welle heranzuziehen.

E-Wellen

Zu den Wellen elektrischen Typs, auch E-Wellen genannt, gelangen wir wie in Gl. (30) bzw. (31), indem wir setzen:

$$H = -i\omega\varepsilon_0 \operatorname{rot} P,$$

$$E = \varkappa^2 P + \operatorname{grad}\frac{\partial P_r}{\partial r}.$$

Dabei ist $P = (P_r, 0, 0)$ der elektrische Strahlungsvektor. Wir wollen stehende Wellen in der Sektorleitung erhalten, die außerdem im Nullpunkt nicht singulär werden. An die Stelle halbzahliger sphärischer Hankel-Funktionen treten jetzt sphärische Bessel-Funktionen mit halbzahligem Index als Lösungen der Differentialgleichung (41). Wir finden wie in (49)

$$P_r = \frac{\sqrt{\frac{\pi}{2}}}{\varkappa} \sum_n \sum_s C_n^s \sqrt{\frac{r}{\varkappa}} J_{n+\frac{1}{2}}(\varkappa r)\, F_n^s(\nu) \cdot F_n^s(\mu).$$

Dabei sollen mit $F_n^s(\nu) \cdot F_n^s(\mu)$ die Laméschen Produkte bezeichnet werden. Die Feldkomponenten lauten dann

$$\begin{aligned} E_r &= \frac{\sqrt{\frac{\pi}{2}}}{\varkappa} \sum_n \sum_s C_n^s \left[\varkappa^2 \sqrt{\frac{r}{\varkappa}} J_{n+\frac{1}{2}}(\varkappa r) + \right. \\ &\qquad \left. + \frac{d^2}{dr^2}\left(\sqrt{\frac{r}{\varkappa}} J_{n+\frac{1}{2}}(\varkappa r)\right)\right] F_n^s(\nu)\, F_n^s(\mu), \end{aligned}$$

$$\begin{aligned} E_\nu &= \sqrt{\frac{(b^2-\nu^2)(a^2-\nu^2)}{\mu^2-\nu^2}} \times \\ &\times \sum_n \sum_s C_n^s \left[j_{n-1}(\varkappa r) - \frac{n}{\varkappa r} j_n(\varkappa r)\right] \frac{dF_n^s(\nu)}{d\nu} F_n^s(\mu), \end{aligned}$$

$$\begin{aligned} E_\mu &= \sqrt{\frac{(\mu^2-b^2)(a^2-\mu^2)}{\mu^2-\nu^2}} \times \\ &\times \sum_n \sum_s C_n^s \left[j_{n-1}(\varkappa r) - \frac{n}{\varkappa r} j_n(\varkappa r)\right] F_n^s(\nu) \frac{dF_n^s(\mu)}{d\mu}, \end{aligned}$$

$$H_r = 0,$$

$$\begin{aligned} H_\nu &= -\frac{i}{Z_0} \sqrt{\frac{(\mu^2-b^2)(a^2-\mu^2)}{\mu^2-\nu^2}} \times \\ &\qquad \times \sum_n \sum_s C_n^s j_n(\varkappa r)\, F_n^s(\nu) \frac{dF_n^s(\mu)}{d\mu}, \end{aligned}$$

$$\begin{aligned} H_\mu &= \frac{i}{Z_0} \sqrt{\frac{(b^2-\nu^2)(a^2-\nu^2)}{\mu^2-\nu^2}} \times \\ &\qquad \times \sum_n \sum_s C_n^s j_n(\varkappa r) \frac{dF_n^s(\nu)}{d\nu} F_n^s(\mu), \end{aligned}$$

mit $j_n(x) = \sqrt{\frac{\pi}{2x}} J_{n+\frac{1}{2}}(x)$.

Randbedingungen

Die Feldkomponenten E_r und E_μ müssen auf den Leiteroberflächen $\nu=0$ und $\nu=b$ verschwinden, da das elektrische Feld immer senkrecht auf unendlich gut leitenden Flächen steht. Ebenso muß H_ν für $\nu=0$ und $\nu=b$ verschwinden, da magnetische Feldlinien nicht auf Leiteroberflächen entspringen können.

Um diese Randbedingungen zu erfüllen, untersuchen wir zunächst die Laméschen Polynome

$$K_n^s(\nu)=c_0\nu^n+c_1\nu^{n-2}+c_2\nu^{n-4}+\cdots,$$
$$L_n^s(\nu)=\sqrt{b^2-\nu^2}\,S_{n-1}^s(\nu),$$
$$M_n^s(\nu)=\sqrt{a^2-\nu^2}\,T_{n-1}^s(\nu),$$
$$N_n^s(\nu)=\sqrt{(b^2-\nu^2)(a^2-\nu^2)}\,U_{n-2}^s(\nu).$$

Die Polynome $K_n^s(\nu)$, $S_{n-1}^s(\nu)$, $T_{n-1}^s(\nu)$, $U_{n-2}^s(\nu)$ sind reine Polynome von ν. Der untere Index gibt ihren Grad an. Man kann nun allgemein zeigen (s. Heine [10] oder Hobson [11]), daß die Polynome $K_n^s(\nu)$, $S_{n-1}^s(\nu)$, $T_{n-1}^s(\nu)$, $U_{n-2}^s(\nu)$ für $\nu=b$ nicht verschwinden. Die oben angeschriebenen Randbedingungen werden dann aber nur in folgenden zwei Fällen erfüllt:

1. Die E-Wellen werden aufgebaut aus Laméschen Produkten vom Typ $L_n^s(\nu)\cdot L_n^s(\mu)$ mit geradzahligem n. Es gibt zu jedem geradzahligen n jeweils $n/2$ solcher Produkte.

2. Die E-Wellen werden aufgebaut aus Laméschen Produkten vom Typ $N_n^s(\nu)\cdot N_n^s(\mu)$ mit ungeradzahligem n. Es gibt zu jedem ungeradzahligen n jeweils $\frac{1}{2}(n-1)$ solcher Produkte.

H-Wellen

Der Ansatz eines magnetischen Strahlungsvektors $Q=(Q_r,0,0)$ liefert ein Feld mit $E_r=0$. Wir setzen

$$Q_r=r\,w'.$$

Wenn w' der Wellengleichung

$$\Delta w'+\varkappa^2 w'=0$$

genügt, dann erfüllen

$$H=-\frac{1}{Z_0}\left(\varkappa^2 Q+\operatorname{grad}\frac{\partial Q_r}{\partial r}\right)$$

und

$$E=-i\,Z_0\,\omega\,\varepsilon_0\operatorname{rot}Q$$

die Maxwellschen Gleichungen, wie man durch Einsetzen erkennt. Wir erhalten wieder

$$Q_r=\frac{\sqrt{\frac{\pi}{2}}}{\varkappa}\sum_n\sum_s C_n^s\sqrt{\frac{r}{\varkappa}}\,J_{n+\frac12}(\varkappa r)\,F_n^s(\nu)\,F_n^s(\mu).$$

Die Feldkomponenten lauten

$$H_r=-\frac{\sqrt{\frac{\pi}{2}}}{\varkappa Z_0}\sum_n\sum_s C_n^s\Big[\varkappa^2\sqrt{\frac{r}{\varkappa}}\,J_{n+\frac12}(\varkappa r)+\\+\frac{d^2}{dr^2}\Big(\sqrt{\frac{r}{\varkappa}}\,J_{n+\frac12}(\varkappa r)\Big)\Big]F_n^s(\nu)\,F_n^s(\mu),$$

$$H_\nu=-\frac{1}{Z_0}\sqrt{\frac{(b^2-\nu^2)(a^2-\nu^2)}{\mu^2-\nu^2}}\times\\\times\sum_n\sum_s C_n^s\Big[j_{n-1}(\varkappa r)-\frac{n}{\varkappa r}\,j_n(\varkappa r)\Big]\frac{dF_n^s(\nu)}{d\nu}\,F_n^s(\mu),$$

$$H_\mu=-\frac{1}{Z_0}\sqrt{\frac{(\mu^2-b^2)(a^2-\mu^2)}{\mu^2-\nu^2}}\times\\\times\sum_n\sum_s C_n^s\Big[j_{n-1}(\varkappa r)-\frac{n}{\varkappa r}\,j_n(\varkappa r)\Big]F_n^s(\nu)\,\frac{dF_n^s(\mu)}{d\mu},$$

$$E_r=0,$$

$$E_\nu=-i\sqrt{\frac{(\mu^2-b^2)(a^2-\mu^2)}{\mu^2-\nu^2}}\times\\\times\sum_n\sum_s C_n^s\,j_n(\varkappa r)\,F_n^s(\nu)\,\frac{dF_n^s(\mu)}{d\mu},$$

$$E_\mu=i\sqrt{\frac{(b^2-\nu^2)(a^2-\nu^2)}{\mu^2-\nu^2}}\sum_n\sum_s C_n^s\,j_n(\varkappa r)\,\frac{dF_n^s(\nu)}{d\nu}\,F_n^s(\mu).$$

Randbedingungen

Die Feldkomponenten E_μ und H_ν müssen auf den Leiteroberflächen $\nu=0$ und $\nu=b$ verschwinden.

Die Randbedingungen werden nur in den beiden folgenden Fällen erfüllt:

1. Die H-Wellen werden aufgebaut aus Laméschen Produkten vom Typ $M_n^s(\nu)\cdot M_n^s(\mu)$ mit ungeradzahligem n. Es gibt zu jedem ungeradzahligen n jeweils $\frac{1}{2}(n+1)$ solcher Produkte.

2. Die H-Wellen werden aufgebaut aus Laméschen Produkten vom Typ $K_n^s(\nu)\cdot K_n^s(\mu)$ mit geradzahligem n. Es gibt zu jedem geradzahligen n jeweils $\frac{n}{2}+1$ solcher Produkte.

Wir werden in dieser Arbeit keinen weiteren Gebrauch von den Ergebnissen dieses Abschnitts machen, haben aber einen tieferen Einblick in die Struktur des elektromagnetischen Feldes unseres Problems gewonnen.

c) Entartung der Laméschen Differentialgleichung

Wenn wir $b\to a$, also $\alpha\to 0°$, gehen lassen, werden die elliptischen Kegel $\nu=\text{const}$ zu rotationssymmetrischen Kegeln um die x-Achse. Insbesondere geht die Lamésche Differentialgleichung (43) für die Funktion $F(\nu)$ mit der Transformation

$$\frac{\nu}{a}=\cos\vartheta$$

und mit der Substitution

$$\xi=\cos\vartheta$$

über in

$$(1-\xi^2)^2\frac{d^2F(\xi)}{d\xi^2}+2\xi(\xi^2-1)\frac{dF(\xi)}{d\xi}+\\+[2p-n(n+1)\xi^2]\,F(\xi)=0.$$

Für

$$2p=n(n+1)-m^2$$
$$n=0;1;2;3;\ldots\qquad -n\leq m\leq +n$$

ist das aber die Differentialgleichung der zugeordneten Kugelfunktionen

$$(1-\xi^2)\frac{d^2P_n^m(\xi)}{d\xi^2}-2\xi\frac{dP_n^m(\xi)}{d\xi}+\\+\Big[n(n+1)-\frac{m^2}{1-\xi^2}\Big]P_n^m(\xi)=0.$$

Lassen wir b und μ so gegen a gehen, daß

$$\sqrt{\frac{a^2-\mu^2}{a^2-b^2}} = \sin\varphi \quad \text{und} \quad \sqrt{\frac{\mu^2-b^2}{a^2-b^2}} = \cos\varphi$$

wird, so entartet die Laméssche Differentialgleichung (44) für die Funktion $F(\mu)$ mit dem oben angegebenen Wert von $2p$ in die Differentialgleichung

$$\frac{d^2\Phi(\varphi)}{d\varphi^2} + m^2\,\Phi(\varphi) = 0.$$

Man wird also die Komponente P_r des Hertzschen Vektors in ihrem Winkelanteil jetzt entwickeln nach Kugelflächenfunktionen

$$P_n^m(\cos\vartheta)\cdot e^{im\varphi}.$$

Da im Falle $b=a$ die elliptischen Kegel $\nu=\text{const}$ zu rotationssymmetrischen Kegeln $\vartheta=\text{const}$ werden, darf in der Lösung keine φ-Abhängigkeit vorhanden sein. Wir setzen $m=0$ und gelangen so zu einer Entwicklung nach zonalen Kugelfunktionen

$$P_r = \frac{\sqrt{\frac{\pi}{2}}}{\varkappa} \sum_{n=1;3;5}^{\infty} C_n \sqrt{\frac{r}{\varkappa}}\, H^1_{n+\frac{1}{2}}(\varkappa r)\cdot P_n(\cos\vartheta).$$

Diese Entwicklung wird von PAPAS u. KING [8] bei der Theorie der rotationssymmetrischen Kegelantenne benutzt. Die allgemeinere Entwicklung nach Laméschen Produkten läßt jetzt auch die Behandlung von Kegelantennen mit elliptischem Querschnitt zu. Einen Grenzfall dieser Kegelantennen mit elliptischem Querschnitt stellt die Kreissektor-Antenne dar.

(Fortsetzung folgt in Heft 2, 1960)

SIEGFRIED BLUME,
Institut für angewandte Physik der Universität Marburg

Sonderdruck aus
„Zeitschrift für angewandte Physik", 12. Band, 2. Heft, 1960, S. 72—78

Springer-Verlag, Berlin · Göttingen · Heidelberg

Experimentelle und theoretische Untersuchungen an ebenen Flächenantennen

Von SIEGFRIED BLUME

(Fortsetzung und Schluß aus Heft 1, 1960)

4. *Anschluß der Felddarstellungen und theoretischer Befund*

a) Der Reflexionskoeffizient der TEM-Welle

Wir schließen endlich die Feldkomponente E_ν der Kugelwelle elektrischen Typs im freien Raum und die Komponente E_ν der TEM-Welle im Innenraum der Sektorleitung (Abb. 1) auf der Aperturfläche $r = r_0$ aneinander an. Dieser Anschluß dient zur Berechnung der Entwicklungskoeffizienten C_n^s der Reihe. Dabei beschränken wir uns auf die Berechnung der Reihenkoeffizienten C_1^1, C_3^1 und C_3^2. Die erforderlichen Integrationen sind im Anhang durchgeführt.

Durch den Anschluß der Komponente H_μ der Kugelwelle elektrischen Typs im freien Raum — mit den so berechneten Koeffizienten C_n^s — an die Komponente H_μ der TEM-Welle auf der Kugelhalbfläche $r = r_0$ gewinnen wir schließlich eine Formel für den Reflexionskoeffizienten $\mathfrak{p}$. Es sei verwiesen auf Gleichung (101).

$$\mathfrak{p} = e^{2 i \varkappa r_0} \frac{1 - i \sum\limits_{n=1;3} G_n(\alpha) \dfrac{h_n^1(\varkappa r_0)}{h_{n-1}^1(\varkappa r_0) - \dfrac{n}{\varkappa r_0} h_n^1(\varkappa r_0)}}{1 + i \sum\limits_{n=1;3} G_n(\alpha) \dfrac{h_n^1(\varkappa r_0)}{h_{n-1}^1(\varkappa r_0) - \dfrac{n}{\varkappa r_0} h_n^1(\varkappa r_0)}}. \quad (56)$$

Die Funktionen $G_1(\alpha)$ und $G_3(\alpha)$ sind in Abb. 5 wiedergegeben.

b) Eingangswiderstand

Den nunmehr bekannten Reflexionskoeffizienten $\mathfrak{p}$ setzen wir in Gl. (21) und (22) ein und berechnen nach Gl. (24) und (25) Spannung und Strom. Das auf $r = 0$ bezogene Verhältnis

$$\mathfrak{R} = \left[\frac{U(r)}{J(r)}\right]_{r=0} = Z \frac{1+\mathfrak{p}}{1-\mathfrak{p}} \quad (57)$$

ist der Eingangswiderstand der Sektorantenne.

Eine hiernach berechnete Widerstandsortskurve zeigt Abb. 6 für einen Öffnungswinkel der Kreissektor-Antenne von $2\alpha = 90°$.

Es soll hier noch einmal betont werden, daß im Innenraum der Sektorleitung (Abb. 1) ausschließlich die TEM-Welle berücksichtigt wurde. Bei einer Erweiterung der Theorie müssen Nebenwellen zur besseren Beschreibung der Feldverteilung auf der Aperturfläche $r = r_0$ herangezogen werden. Bei hinreichend großer Wellenlänge werden alle Nebenwellen stark gedämpft; sie werden also hauptsächlich Beiträge zur Bestimmung des Nahfeldes der Antenne liefern. Daraus ist aber zu schließen, daß diese Nebenwellen praktisch auch nur die Blindanteile des Eingangswiderstandes beeinflussen. Sein Realteil wird ja durch das Fernfeld bestimmt.

Nicht berücksichtigt wurde ferner bei der Berechnung des Eingangswiderstandes der Einfluß des Übergangsgebietes zwischen Speiseleitung und Sektorleitung.

Des leichteren Verständnisses wegen wollen wir für die folgende Betrachtung eine symmetrische Antenne zugrunde legen.

Es seien E und H die Lösungen der Maxwellschen Gleichungen für einen sektorförmigen ebenen Flächen-

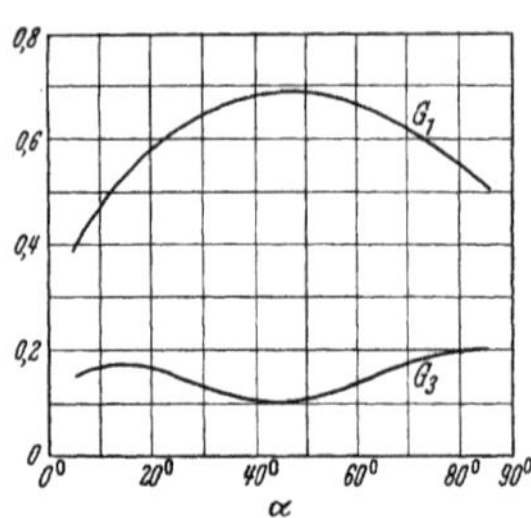

Abb. 5. Entwicklungskoeffizienten $G_1(\alpha)$ und $G_3(\alpha)$ des Reflexionskoeffizienten $\mathfrak{p}$ nach (99) und (100)

dipol. Wir führen dann ein neues System E' und H' ein:

$$E' = Z_0 H,$$

$$H' = -\frac{1}{Z_0} E.$$

Dabei ist $Z_0 = \sqrt{\mu_0/\varepsilon_0}$. Offenbar erfüllen E' und H' die Maxwellschen Gleichungen im ladungsfreien Raum

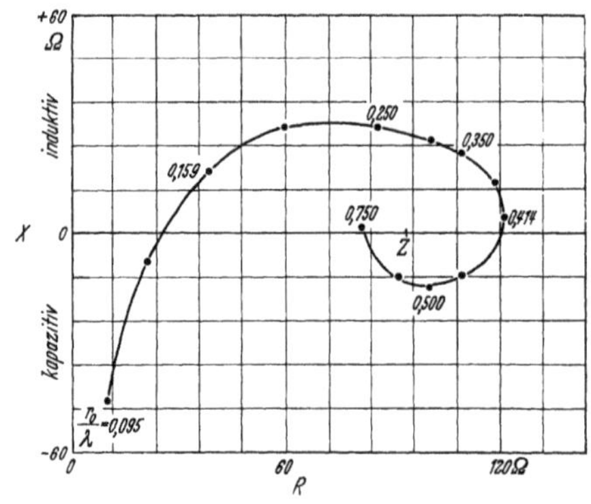

Abb. 6. Widerstandsortskurve der sektorförmigen Flächenantenne mit $2\alpha = 90°$

genauso wie vorher E und H, wie man durch Einsetzen erkennt. Überall dort, wo vorher etwa die Tangentialkomponente von E verschwinden mußte, verschwindet jetzt die Tangentialkomponente von H'. Es sind E' und H' die Lösungen der Maxwellschen Gleichungen für das zum Flächendipol komplementäre System. Die Theorie des sektorförmigen ebenen Flächendipols erfaßt also gleichermaßen den dazu komplementären Schlitzdipol (Abb. 7). Nach BOOKER [17] besteht z. B. zwischen dem Eingangswiderstand $\mathfrak{R}_D$ eines beliebig geformten ebenen Flächendipols und dem Eingangswiderstand $\mathfrak{R}_S$ des hierzu komplementären Schlitzdipols der Zusammenhang

$$\mathfrak{R}_D\,\mathfrak{R}_S = \frac{Z_0^2}{4}.$$

Dabei wird vorausgesetzt, daß die Flächen sehr dünn im Vergleich zur Wellenlänge sind, daß sie eine unendlich große Leitfähigkeit besitzen und daß der Speisepunkt unendlich klein ist.

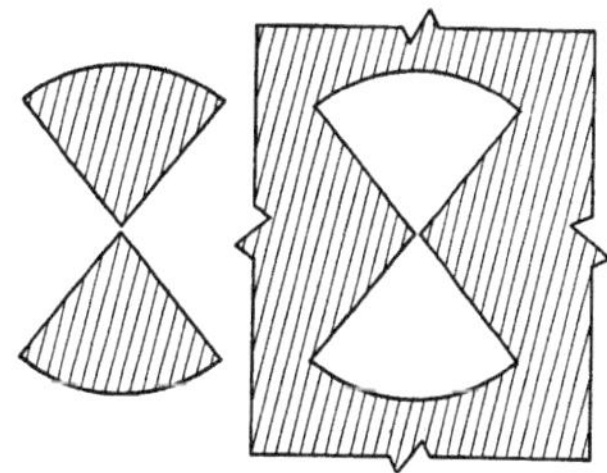

Abb. 7. Ebene Kreissektor-Antenne und dazu komplementäre Schlitzantenne

Allgemein nennen wir zwei Flächen komplementär, wenn sie zusammen eine geschlossene Fläche bilden. Wir denken uns eine symmetrische Kreissektor-Antenne vom halben Öffnungswinkel α ins Unendliche

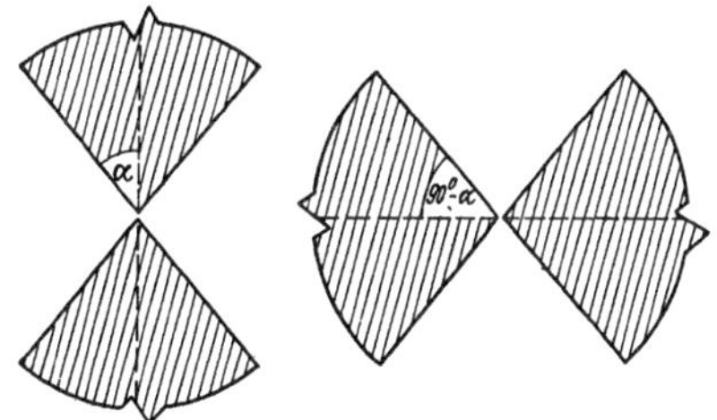

Abb. 8. Komplementäre ebene Sektoren

fortgesetzt. Der dazu komplementäre Schlitzdipol vom halben Öffnungswinkel α läßt sich aber auch auffassen als unendlich langer ebener Flächendipol vom halben Öffnungswinkel $90° - \alpha$ (Abb. 8).

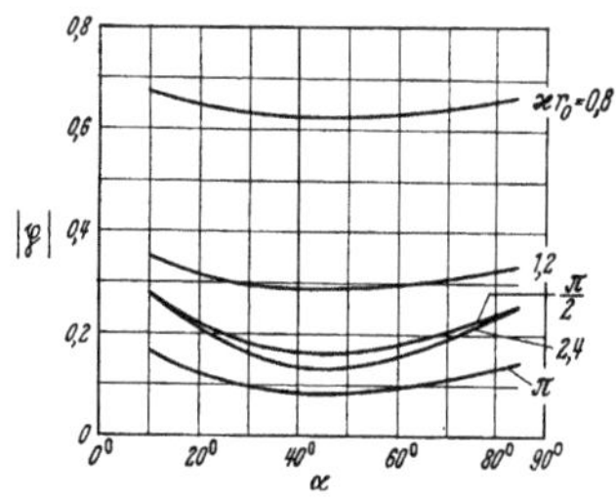

Abb. 9. Betrag des Reflexionskoeffizienten als Funktion von α für 5 Werte von $\varkappa r_0 = 2\pi \frac{r_0}{\lambda}$

Für die Eingangswiderstände $\mathfrak{R}_\alpha$ und $\mathfrak{R}_{90°-\alpha}$ dieser beiden unendlich ausgedehnten Flächendipole dürfen wir dann nach BOOKER schreiben:

$$\mathfrak{R}_\alpha\,\mathfrak{R}_{90°-\alpha} = \frac{Z_0^2}{4}; \tag{58}$$

denn der Eingangswiderstand des zum ebenen Flächendipol mit dem halben Öffnungswinkel α komplementären Schlitzdipols ist natürlich gleich dem Eingangswiderstand des ebenen Flächendipols vom halben Öffnungswinkel $90° - \alpha$, da sie ja eine Antenne bilden. Bei unendlich ausgedehnten Flächendipolen existiert nur eine vom Speisepunkt ins Unendliche auslaufende Welle. Am Eingang und übrigens überall auf dieser speziellen symmetrischen elliptischen Kegelleitung erscheint dann ihr Wellenwiderstand

$$Z_\alpha = \frac{Z_0}{2}\,\frac{K(\cos\alpha)}{K(\sin\alpha)},$$

$$Z_{90°-\alpha} = \frac{Z_0}{2}\,\frac{K(\cos(90°-\alpha))}{K(\sin(90°-\alpha))}.$$

Es ist also tatsächlich

$$Z_\alpha Z_{90°-\alpha} = \frac{Z_0^2}{4}, \tag{59}$$

wie bereits von ARLT [6] aufgezeigt wurde.

Wie lautet nun die der Gl. (58) entsprechende Beziehung für endlich lange symmetrische Kreissektor-Antennen? Bei Berücksichtigung von Gl. (57) und (59) finden wir

$$\mathfrak{R}_\alpha\,\mathfrak{R}_{90°-\alpha} = \frac{Z_0^2}{4}\left(\frac{1+\mathfrak{p}_\alpha}{1-\mathfrak{p}_\alpha}\right)\left(\frac{1+\mathfrak{p}_{90°-\alpha}}{1-\mathfrak{p}_{90°-\alpha}}\right). \tag{60}$$

Dabei ist $\mathfrak{p}_\alpha$ der Reflexionskoeffizient der TEM-Welle bei dem charakteristischen Winkel α und $\mathfrak{p}_{90°-\alpha}$ der Reflexionskoeffizient der TEM-Welle bei dem charakteristischen Winkel $90° - \alpha$. Zwei symmetrische Kreissektor-Antennen mit den halben Öffnungswinkeln α und $90° - \alpha$ sowie der Länge r_0 bilden ein „quasikomplementäres System": Sie füllen zusammen jeweils eine Kreisscheibe vom Radius r_0 aus. Die Unsymmetrie der Entwicklungskoeffizienten $G_1(\alpha)$ und $G_3(\alpha)$ des Reflexionskoeffizienten $\mathfrak{p}$ bezüglich $\alpha = 45°$ kann man als Maß für den Fehler betrachten, den man macht, wenn man das Babinetsche Prinzip auf solche „quasikomplementäre Systeme" anwendet. Das Maximum von $G_1(\alpha)$ liegt zwischen 46° und 47°, wie im Anhang aufgezeigt wird.

In Abb. 9 ist der Betrag $|\mathfrak{p}|$ als Funktion des halben Öffnungswinkels α für verschiedene Werte von $\varkappa \cdot r_0$ aufgetragen. Mit wachsendem $\varkappa \cdot r_0$ nimmt hiernach $|\mathfrak{p}|$ stark ab. Das ist auf Grund der starken Strahlungsdämpfung einer Breitbandantenne nach WOLTER [5] auch zu erwarten. Aus diesen Kurven entnimmt man, daß bei festem $\varkappa \cdot r_0$ gilt:

$$|\mathfrak{p}_\alpha| \approx |\mathfrak{p}_{90°-\alpha}|.$$

Wenn wir von der leichten Unsymmetrie der Koeffizienten $G_1(\alpha)$ und $G_3(\alpha)$ bezüglich $\alpha = 45°$ jetzt einmal absehen, gilt auch

$$\mathfrak{p}_\alpha \approx \mathfrak{p}_{90°-\alpha}$$

in der Umgebung von $\alpha = 45°$ bei vorgegebenem $\varkappa \cdot r_0$. Dann finden wir aus (60)

$$\mathfrak{R}_\alpha\,\mathfrak{R}_{90°-\alpha} \approx \frac{Z_0^2}{4}\left(\frac{1+\mathfrak{p}_\alpha}{1-\mathfrak{p}_\alpha}\right)^2. \tag{61}$$

Falls $\alpha = 45°$ ist, müssen wir ein Gleichheitszeichen setzen. Diese Beziehung zwischen den Eingangswiderständen zweier Kreissektor-Antennen vom halben Öffnungswinkel α bzw. $90° - \alpha$ ist bemerkenswert. Sie gestattet es nämlich, bei Messung von $\mathfrak{p}_\alpha$ und damit von $\mathfrak{R}_\alpha$ ($\mathfrak{R}_\alpha$ liest man bei bekanntem $\mathfrak{p}_\alpha$ aus dem Smith-Diagramm ab) den Eingangswiderstand $\mathfrak{R}_{90°-\alpha}$ der

Kreissektor-Antenne vom halben Öffnungswinkel $90° - \alpha$ genähert zu berechnen.

Aus der Beziehung (61) liest man ferner ab, daß der Eingangswiderstand zweier Sektorantennen mit den halben Öffnungswinkeln α und $90° - \alpha$ bei ungefähr dem gleichen Wert von $\varkappa \cdot r_0$ reell wird. Betrachten wir etwa die erste „Spannungsresonanz": Bei einer Linearantenne ($\alpha \to 0°$) wird die erste Spannungsresonanz bei $\varkappa r_{0\,\mathrm{res}} = \pi$, d.h., bei $r_{0\,\mathrm{res}}/\lambda = 0{,}5$ erreicht. Mit zunehmendem Winkel α wird die sog. Resonanzverkürzung

$$v_{\mathrm{res}} = \pi - \varkappa r_{0\,\mathrm{res}}$$

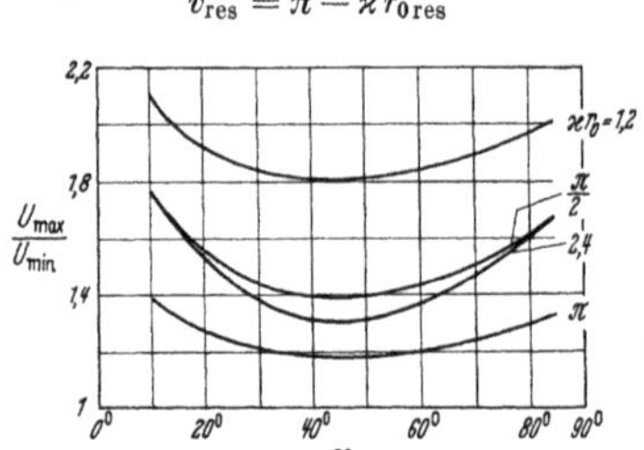

Abb. 10. Stehwellenverhältnis als Funktion von α für 4 Werte von $\varkappa r_0 = 2\pi \frac{r_0}{\lambda}$

zunächst immer größer werden infolge der zunehmenden Breitbandigkeit der Kreissektor-Antennen. Wir haben aber gezeigt, daß die Eingangswiderstände der Kreissektor-Antennen mit den charakteristischen Winkeln α und $90° - \alpha$ bei ungefähr demselben Wert von $\varkappa r_0$ reell werden müssen, d.h. aber, daß sie ungefähr dieselbe Resonanzverkürzung haben müssen. Wir erwarten also ein Maximum der Verkürzung in der Nähe von $\alpha = 45°$. In der Arbeit von ARLT [6] werden diese Resonanzverkürzungen gemessen. Die Messungen bestätigen genau unsere qualitative Aussage.

Zwischen dem Verhältnis

$$m = \frac{U_{\mathrm{max}}}{U_{\mathrm{min}}}$$

der stehenden Welle auf einer Leitung und dem Reflexionskoeffizienten $\mathfrak{p}$ besteht der Zusammenhang

$$m = \frac{1 + |\mathfrak{p}|}{1 - |\mathfrak{p}|}.$$

In Abb. 10 ist m als Funktion von α für vier verschiedene Werte von $\varkappa r_0$ aufgetragen. Das Stehwellenverhältnis m ist hiernach für eine Kreissektor-Antenne vom Öffnungswinkel $2\alpha \approx 90°$ bei festgehaltenem $\varkappa r_0$ jeweils kleiner als das aller Kreissektor-Antennen mit anderen Öffnungswinkeln. Das wird in Abb. 10 für vier verschiedene Werte von $\varkappa r_0$ angezeigt und folgt für den gesamten Konvergenzbereich der Entwicklung von $\mathfrak{p}$ aus den Kurven $G_1(\alpha)$ und $G_3(\alpha)$.

Wir ziehen daraus den Schluß, daß die Kreissektor-Antenne mit dem Öffnungswinkel $2\alpha \approx 90°$ die breitbandigste aller Kreissektor-Antennen ist, was übrigens auch aus unserer Diskussion der Resonanzverkürzungen folgt. Eine Folgerung aus dem Babinetschen Prinzip, angewandt auf Antennen dieser Art, liefert dasselbe Ergebnis (s. ARLT [6]).

Es ist zu beachten, daß das Minimum von m nicht genau bei $\alpha = 45°$ liegen wird, da auch das Maximum des Entwicklungskoeffizienten $G_1(\alpha)$ von $\mathfrak{p}$ nicht genau bei $\alpha = 45°$ liegt.

c) *Richtdiagramme*

Im Anhang wird aus der Vektorkomponente P_r die für die Richtcharakteristik maßgebende Komponente $E_{\vartheta\infty}$ des elektrischen Feldes im Fernfeld in Kugelkoordinaten ausgerechnet. Die in dieser Formel auftretenden Funktionen des Öffnungswinkels der Antenne sind in den Abb. 11 und 12 aufgetragen.

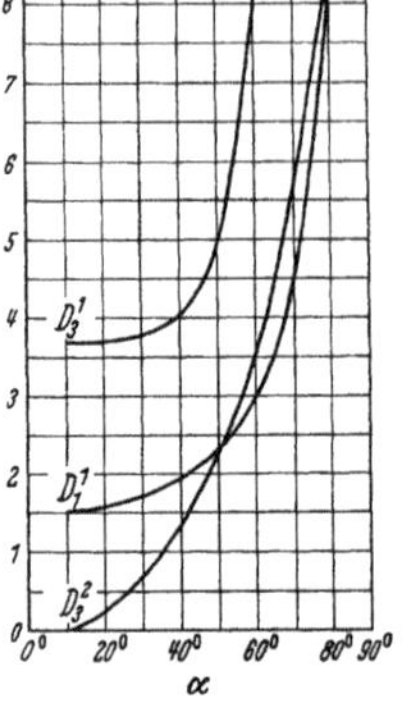

Abb. 11. Funktionen $D_1^1(\alpha)$, $D_3^1(\alpha)$, $D_3^2(\alpha)$ nach (81), (91), (92)

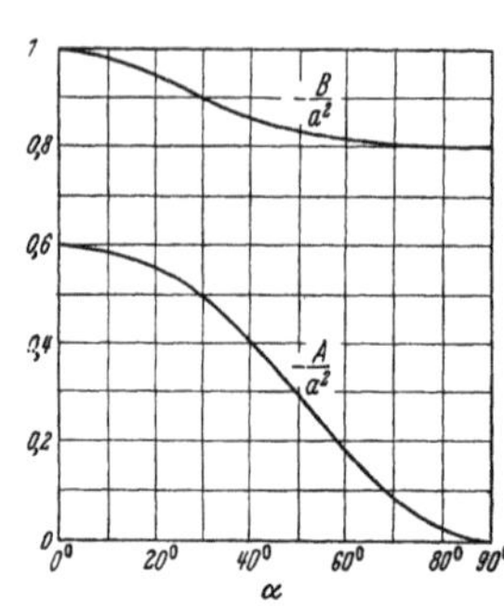

Abb. 12. Funktionen von α nach (83)

Mit der Abkürzung $k = \cos\alpha$ lautet das Ergebnis [siehe Gl. (107)]:

$$\begin{aligned} E_{\vartheta\infty} = E_0 \frac{e^{i\varkappa r_0} + \mathfrak{p}\, e^{-i\varkappa r_0}}{\varkappa r_0} \frac{b}{a^2}\, i\, \frac{e^{i\varkappa r}}{\varkappa r} \sin\vartheta \times \\ \times \Bigg\{ - D_1^1(\alpha) \frac{1}{h_0^1(\varkappa r_0) - \frac{1}{\varkappa r_0} h_1^1(\varkappa r_0)} + \\ + D_3^1(\alpha) \frac{3\cos^2\vartheta \left[k^2 + \frac{A}{a^2} - \frac{A}{a^2}(1-k^2)\cos^2\varphi\right] + \left[\left(\frac{A}{a^2}\right)^2 + \frac{A}{a^2} k^2 + \frac{A}{a^2}(1-k^2)\cos^2\varphi\right]}{h_2^1(\varkappa r_0) - \frac{3}{\varkappa r_0} h_3^1(\varkappa r_0)} + \\ + D_3^2(\alpha) \frac{3\cos^2\vartheta \left[k^2 + \frac{B}{a^2} - \frac{B}{a^2}(1-k^2)\cos^2\varphi\right] + \left[\left(\frac{B}{a^2}\right)^2 + \frac{B}{a^2} k^2 + \frac{B}{a^2}(1-k^2)\cos^2\varphi\right]}{h_2^1(\varkappa r_0) - \frac{3}{\varkappa r_0} h_3^1(\varkappa r_0)} \Bigg\} \end{aligned}$$

Falls die Antennenabmessungen klein werden im Vergleich zur Wellenlänge, etwa $\varkappa r_0 < 1$, liefert in unserer Reihenentwicklung praktisch nur das erste Glied einen Beitrag. Die Abhängigkeit vom Winkel φ fällt damit heraus. Wir erhalten dann aber ein rotationssymmetrisches Horizontaldiagramm. Die Vertikaldiagramme gehorchen unter derselben Voraussetzung einem $\sin\vartheta$-Gesetz. Die Strahlungsverteilung des Hertzschen Dipols ist also in unserer Lösung enthalten.

Wenn ferner $\alpha \to 0°$ geht, wird wegen $1 - k^2 \to 0$ die φ-Abhängigkeit immer kleiner, was wir ja auch erwarten mußten.

Es wurden in dieser Arbeit alle berechneten Richtdiagramme auf den Wert des Fernfeldes in der Richtung $\varphi = 0°$, $\vartheta = 90°$, d.h. Richtung der y-Achse nach Abb. 1, normiert.

Die Abb. 13a—c enthalten die berechneten Horizontaldiagramme (yz-Ebene) einer Kreissektor-Antenne mit einem Öffnungswinkel von $2\alpha = 90°$.

Wir finden für $r_0/\lambda = 0{,}250$ ein fast rotationssymmetrisches Diagramm. Bei $r_0/\lambda = 0{,}382$ ist die Strahlung der Antenne in Normalenrichtung ($\varphi = 0°$, $\vartheta = 90°$) stark gegenüber der Seitenstrahlung gewachsen. Bei $r_0/\lambda = 0{,}500$ beträgt das Verhältnis von Normalenstrahlung zur Seitenstrahlung ungefähr 1 : 0,6. Dieses Verhältnis wird bei größeren Werten von r_0/λ wieder kleiner. Die für $r_0/\lambda = 0{,}732$ und $r_0/\lambda = 1{,}000$ berechneten Diagramme zeigen, daß dort die Seitenstrahlung die Strahlung in Normalenrichtung bereits übertrifft. Wegen der bei $r_0/\lambda = 1{,}000$ bestimmt ungenügenden Konvergenz der Reihenentwicklung ist das letzte Diagramm allerdings nur qualitativ zu werten.

Beide Vertikalkennlinien haben bei $\vartheta = 0°$ bzw. $\vartheta = 180°$ eine frequenzunabhängige Nullstelle. Eine Kreissektor-Antenne könnte also eventuell bei einem Breitband-Minimum-Peilverfahren Verwendung finden.

Die berechneten Vertikalkennlinien stimmen mit den von Arlt [6] bei etwas anderen Werten von r_0/λ gemessenen Diagrammen befriedigend überein. Bei seinen Messungen benutzte Arlt eine symmetrische Antenne.

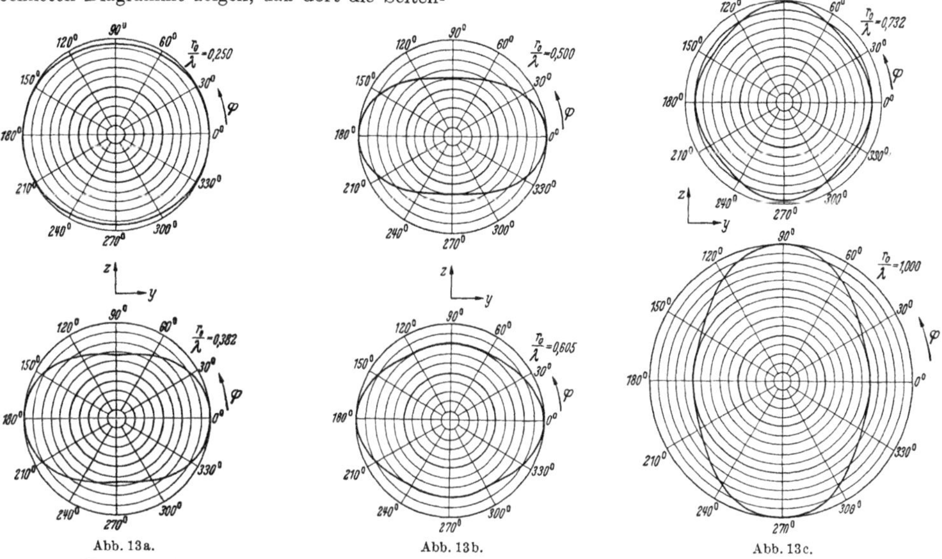

Abb. 13a. Abb. 13b. Abb. 13c.

Abb. 13a—c. Horizontaldiagramme der sektorförmigen Flächenantenne mit $2\alpha = 90°$. ——— yz-Ebene (nach Abb. 1)

Die berechneten Werte des Verhältnisses

$$\frac{\text{Normalenstrahlung}}{\text{Seitenstrahlung}}$$

in dem betrachteten Frequenzbereich stimmen gut überein mit in der Literatur angegebenen gemessenen Werten (s. [1], [5], [6]). Insbesondere zeigen Messungen von Arlt [6] sowie von Brown und Woodward [1] das starke Anwachsen der Seitenstrahlung bei großen Werten von r_0/λ. Horizontaldiagramme ebener Flächenantennen sind in den genannten Arbeiten nicht veröffentlicht worden.

Die berechneten Vertikaldiagramme einer Kreissektor-Antenne mit einem Öffnungswinkel von $2\alpha = 90°$ in den Abb. 14a—c weisen die sektorförmige ebene Flächenantenne noch einmal als eine Breitbandantenne aus. Die Richtcharakteristiken in der xy-Ebene zeigen bei wachsendem r_0/λ Einschnürungen, die aber nicht auf Null einziehen.

Die Diagramme in der xz-Ebene gehorchen im gesamten betrachteten Frequenzbereich dem $\sin\vartheta$-Gesetz.

d) Stromdichteverteilung

Da die Stromdichte direkt proportional ist der magnetischen Feldstärke, können wir aus der Feldkomponente H_μ nach Gl. (22) eine Aussage über die Stromdichteverteilung auf der Antennenfläche und auf der Grundebene machen.

Wenn wir die Stromdichte längs eines Kreisbogens auf dem Sektor $\nu = b$ auf die Stromdichte in der Mitte $\mu = a$ dieses Kreisbogens beziehen, dann finden wir aus Gl. (22)

$$\frac{j(\mu)}{j(\mu = a)} = \frac{\sqrt{a^2 - b^2}}{\sqrt{\mu^2 - b^2}}.$$

Für $\nu = b$ folgt aus den Transformationsformeln (1)

$$\mu^2 = a^2 \cos^2\vartheta,$$

so daß man also bei Beachtung von $b/a = \cos\alpha$ erhält:

$$\frac{j(\vartheta)}{j(\vartheta = 0°)} = \frac{\sin\alpha}{\sqrt{\cos^2\vartheta - \cos^2\alpha}}.$$

Wir führen den komplementären Winkel $\psi = 90° - \vartheta$ ein und finden

$$\frac{j(\psi)}{j(\psi = 90°)} = \frac{\sin\alpha}{\sqrt{\sin^2\alpha - \cos^2\psi}}.$$

Die Wurzel nimmt reelle Werte nur dann an, wenn der Winkel ψ gerade den Sektor überstreicht, d.h.,

wenn
$$90^\circ - \alpha \leqq \psi \leqq 90^\circ + \alpha$$

ist. In Abb. 15a ist diese relative Stromdichte als Funktion des Winkels ψ für einen Sektor mit $2\alpha = 90^\circ$ aufgetragen. Die Stromdichte wird also, wie zu erwarten, singulär an den Kanten des Sektors.

Für die Stromdichte längs eines Kreisbogens in der Grundebene $\nu = 0$ bzw. $\vartheta = 90^\circ$, wieder bezogen auf die Stromdichte im Punkte $\mu = a$ auf diesem Kreisbogen, finden wir aus Gl. (22)

$$\frac{j(\mu)}{j(\mu = a)} = \frac{a}{\mu}.$$

Unter Zuhilfenahme der Transformationsformeln (1) erhält man hier

$$\frac{j(\varphi)}{j(\varphi = 0^\circ)} = \frac{1}{\sqrt{\cos^2\alpha + \sin^2\alpha\cos^2\varphi}}.$$

Diese Funktion ist in Abb. 15b wiedergegeben für $2\alpha = 90^\circ$.

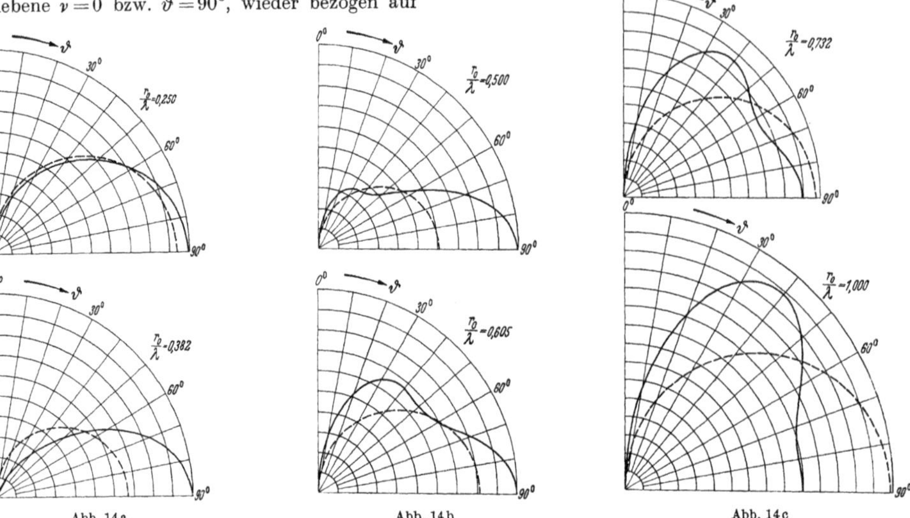

Abb. 14a—c. Vertikaldiagramme der sektorförmigen Flächenantenne mit $2\alpha = 90^\circ$. ——— xy-Ebene; --------- xz-Ebene (nach Abb. 1)

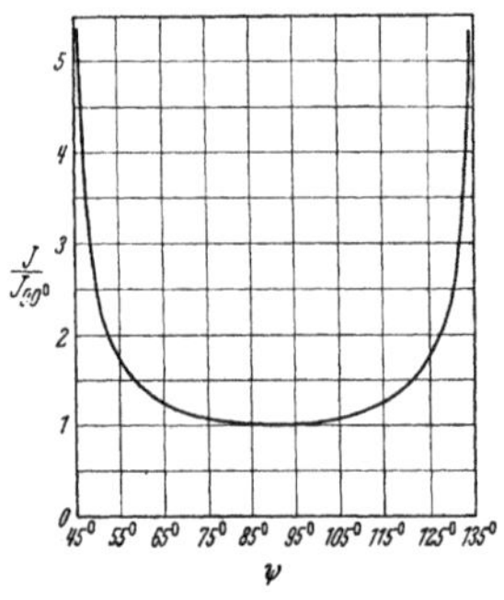

Abb. 15a. Stromdichteverteilung längs eines Kreisbogens auf der sektorförmigen Flächenantenne mit $2\alpha = 90^\circ$

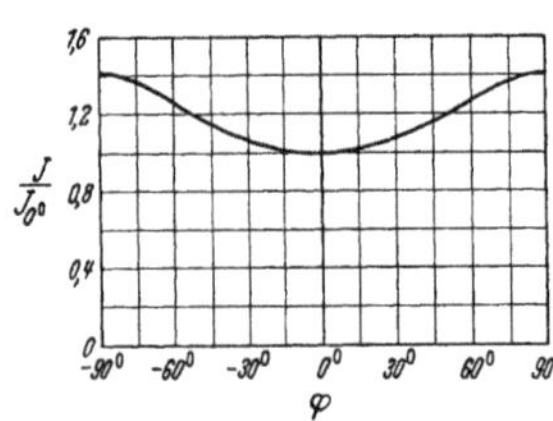

Abb. 15b. Stromdichteverteilung längs eines Halbkreisbogens auf der Grundebene (yz-Ebene nach Abb. 1) bei einer sektorförmigen Flächenantenne mit $2\alpha = 90^\circ$

5. *Anhang*

a) Berechnung der Entwicklungskoeffizienten

Wir berechnen zunächst die Koeffizienten C_n^s aus dem Anschluß der Feldkomponenten E_ν auf der Kugelhalbfläche $r = r_0$. Aus Gl. (21) und (54) folgt bei geeigneter Umformung

$$E_0 \frac{e^{i\varkappa r_0} + \mathfrak{p}\cdot e^{-i\varkappa r_0}}{\varkappa r_0} \frac{1}{\sqrt{(b^2-\nu^2)(a^2-\nu^2)}} = \sum_{n=1;3;5}^{\infty} \sum_{s=1}^{\frac{1}{2}(n+1)} C_n^s \left[h_{n-1}^1(\varkappa r_0) - \frac{n}{\varkappa r_0} h_n^1(\varkappa r_0)\right] \frac{dK_n^s(\nu)}{d\nu} K_n^s(\mu).$$

Integration über ν von 0 bis ν liefert

$$\left.\begin{aligned} E_0 \frac{e^{i\varkappa r_0} + \mathfrak{p}\, e^{-i\varkappa r_0}}{\varkappa r_0} \int_0^\nu \frac{d\nu'}{\sqrt{(b^2-\nu'^2)(a^2-\nu'^2)}} \\ = \sum_{n=1;3;5}^{\infty} \sum_{s=1}^{\frac{1}{2}(n+1)} C_n^s \left[h_{n-1}^1(\varkappa r_0) - \frac{n}{\varkappa r_0} h_n^1(\varkappa r_0)\right] \times \\ \times K_n^s(\nu)\, K_n^s(\mu), \end{aligned}\right\} \quad (62)$$

da ja rechts alle ungeradzahligen $K_n^s(\nu)$-Funktionen für $\nu = 0$ verschwinden. Im Integral auf der linken Seite haben wir dabei die Integrationsvariable mit ν' bezeichnet.

Wir machen nun Gebrauch von den Orthogonalitätseigenschaften der Laméschen Produkte und zwar in der folgenden Form (s. Heine [10] oder Hobson [11]):

Es seien F_n^s und $F_{n'}^{s'}$ zwei Lamésche Funktionen derselben Klasse vom Grade n und n'. Man kann dann zeigen, daß das Doppelintegral

$$\left.\begin{aligned}&\int_0^b d\nu \int_b^a d\mu \left\{F_n^s(\nu)\,F_n^s(\mu)\,F_{n'}^{s'}(\nu)\,F_{n'}^{s'}(\mu)\times\right.\\ &\left.\times\frac{\mu^2-\nu^2}{\sqrt{(b^2-\nu^2)(a^2-\nu^2)}\sqrt{(\mu^2-b^2)(a^2-\mu^2)}}\right\}\end{aligned}\right\}\quad(63)$$

verschwindet außer für $n = n'$ und $s = s'$.

Wir beschränken uns auf die Berechnung der Koeffizienten C_1^1, C_3^1 und C_3^n.

$n = 1$

Für $n = 1$ findet man nur eine Funktion der Klasse K_n^s (s. HOBSON [11])

$$\left.\begin{aligned}K_1^1(\nu) &= \nu,\\ K_1^1(\mu) &= \mu,\end{aligned}\right\}\quad(64)$$

bei geeignet vorgenommener Normierung.

Wir multiplizieren Gl. (62) mit

$$K_1^1(\nu)\,K_1^1(\mu)\frac{\mu^2-\nu^2}{\sqrt{(b^2-\nu^2)(a^2-\nu^2)}\sqrt{(\mu^2-b^2)(a^2-\mu^2)}}$$

und integrieren über den gesamten Wertebereich von ν und μ. Bei Berücksichtigung der Orthogonalitätsrelation (63) erhalten wir

$$\left.\begin{aligned}&E_0\,\frac{e^{i\varkappa r_0}+\mathfrak{p}\,e^{-i\varkappa r_0}}{\varkappa r_0}\times\\ &\times\int_0^b d\nu\int_b^a d\mu\left\{\frac{\mu\nu(\mu^2-\nu^2)}{\sqrt{(b^2-\nu^2)(a^2-\nu^2)}\sqrt{(\mu^2-b^2)(a^2-\mu^2)}}\times\right.\\ &\qquad\left.\times\int_0^\nu\frac{d\nu'}{\sqrt{(b^2-\nu'^2)(a^2-\nu'^2)}}\right\}\\ &= C_1^1\left[h_0^1(\varkappa r_0)-\frac{1}{\varkappa r_0}\,h_1^1(\varkappa r_0)\right]\times\\ &\times\int_0^b d\nu\int_b^a d\mu\left\{\frac{\mu^2\nu^2(\mu^2-\nu^2)}{\sqrt{(b^2-\nu^2)(a^2-\nu^2)}\sqrt{(\mu^2-b^2)(a^2-\mu^2)}}\right\}.\end{aligned}\right\}\quad(65)$$

Wir lösen zunächst das Doppelintegral auf der linken Seite von Gl. (65). Dazu substituieren wir

$$t = \frac{\nu}{b}.\quad(66)$$

Mit der Bezeichnung

$$k = \frac{b}{a} = \cos\alpha\quad(67)$$

folgt aus dem im Integranden stehenden unbestimmten Integral

$$\int_0^\nu\frac{d\nu'}{\sqrt{(b^2-\nu'^2)(a^2-\nu'^2)}} = \frac{1}{a}\int_0^t\frac{dt'}{\sqrt{(1-t'^2)(1-k^2t'^2)}},$$

also bis auf die Konstante $1/a$ das elliptische Integral erster Gattung.

Wir führen jetzt

$$v = \int_0^t\frac{dt'}{\sqrt{(1-t'^2)(1-k^2t'^2)}}\quad(68)$$

als neue Variable ein. Speziell ist

$$K(k) = \int_0^1\frac{dt'}{\sqrt{(1-t'^2)(1-k^2t'^2)}}$$

das vollständige elliptische Integral erster Gattung, das wir im folgenden mit K bezeichnen wollen.

Die Umkehrfunktion des elliptischen Integrals erster Gattung ist die Jacobische elliptische Funktion

$$t = \operatorname{sn}(v;k).\quad(69)$$

Dafür wollen wir in Zukunft einfach $\operatorname{sn} v$ schreiben. Da nach (66) aber $t = \nu/b$ ist, hat man jetzt die elliptische Kegelkoordinate ν durch eine Jacobische elliptische Funktion dargestellt.

Wir erhalten für das auf der linken Seite von Gl. (65) stehende Doppelintegral zunächst

$$\left.\begin{aligned}&\int_0^b d\nu\int_b^a d\mu\left\{\frac{\mu\nu(\mu^2-\nu^2)}{\sqrt{(b^2-\nu^2)(a^2-\nu^2)}\sqrt{(\mu^2-b^2)(a^2-\mu^2)}}\times\right.\\ &\qquad\left.\times\int_0^\nu\frac{d\nu'}{\sqrt{(b^2-\nu'^2)(a^2-\nu'^2)}}\right\}\\ &= \frac{b}{a^2}\int_0^K v\operatorname{sn}v\,dv\int_b^a\frac{\mu^3\,d\mu}{\sqrt{(\mu^2-b^2)(a^2-\mu^2)}} -\\ &\qquad-\frac{b^3}{a^2}\int_0^K v\operatorname{sn}^3v\,dv\int_b^a\frac{\mu\,d\mu}{\sqrt{(\mu^2-b^2)(a^2-\mu^2)}}.\end{aligned}\right\}\quad(70)$$

Auf die Darstellung der elliptischen Kegelkoordinate μ durch eine Jacobische elliptische Funktion wollen wir hier verzichten, da die auftretenden Integrale über μ leicht ausführbar sind, wenn wir μ^2 als neue Variable einführen (s. Rekursionsformel bei GRÖBNER-HOFREITER [17]).

$$\int_b^a\frac{\mu\,d\mu}{\sqrt{(\mu^2-b^2)(a^2-\mu^2)}} = \frac{\pi}{2},\quad(71)$$

$$\int_b^a\frac{\mu^3\,d\mu}{\sqrt{(\mu^2-b^2)(a^2-\mu^2)}} = \frac{\pi}{4}\,a^2(1+k^2).\quad(72)$$

Die für das Rechnen mit Jacobischen elliptischen Funktionen notwendigen Formeln sind, soweit wir sie hier gebrauchen werden, im Anhang zusammengestellt nach MILNE-THOMSON [18] und GRÖBNER-HOFREITER [17]. Die bestimmten Integrale in dieser Formelsammlung wurden selbst berechnet.

Es ist nun

$$\left.\begin{aligned}&\int_0^K v\operatorname{sn}v\,dv = \left[\frac{v}{k}\ln(\operatorname{dn}v-k\operatorname{cn}v)\right]_0^K -\\ &\qquad-\frac{1}{k}\int_0^K\ln(\operatorname{dn}v-k\operatorname{cn}v)\,dv\\ &= \frac{K}{k}\ln\sqrt{1-k^2}-\frac{1}{k}\int_0^K\ln(\operatorname{dn}v-k\operatorname{cn}v)\,dv,\end{aligned}\right\}\quad(73)$$

$$\left.\begin{aligned}&\int_0^K v\operatorname{sn}^3v\,dv\\ &= \left[v\,\frac{\operatorname{cn}v\operatorname{dn}v}{2k^2}+v\,\frac{1+k^2}{2k^3}\ln(\operatorname{dn}v-k\operatorname{cn}v)\right]_0^K -\\ &-\frac{1}{2k^2}\int_0^K\operatorname{cn}v\operatorname{dn}v\,dv-\frac{1+k^2}{2k^3}\int_0^K\ln(\operatorname{dn}v-k\operatorname{cn}v)\,dv\\ &= K\,\frac{1+k^2}{2k^3}\ln\sqrt{1-k^2}-\frac{1}{2k^2}-\\ &\qquad-\frac{1+k^2}{2k^3}\int_0^K\ln(\operatorname{dn}v-k\operatorname{cn}v)\,dv.\end{aligned}\right\}\quad(74)$$

Wir setzen (71), (72), (73) und (74) in (70) ein:

$$\int_0^b d\nu \int_b^a d\mu \left\{ \frac{\mu\,\nu(\mu^2-\nu^2)}{\sqrt{(b^2-\nu^2)(a^2-\nu^2)}\sqrt{(\mu^2-b^2)(a^2-\mu^2)}} \times \right.$$

$$\left. \times \int_0^\nu \frac{d\nu'}{\sqrt{(b^2-\nu'^2)(a^2-\nu'^2)}} \right\}$$

$$= \frac{b}{a^2}\left[\frac{K}{k}\ln\sqrt{1-k^2} - \frac{1}{k}\int_0^K \ln(\operatorname{dn} v - k\operatorname{cn} v)\,dv\right] \times$$

$$\times \frac{\pi}{4}a^2(1+k^2) - \frac{b^3}{a^2}\left[K\frac{1+k^2}{2k^3}\ln\sqrt{1-k^2} - \frac{1}{2k^2} - \right.$$

$$\left. - \frac{1+k^2}{2k^3}\int_0^K \ln(\operatorname{dn} v - k\operatorname{cn} v)\,dv\right]\frac{\pi}{2}.$$

Das allein noch vorkommende bestimmte Integral

$$\int_0^K \ln(\operatorname{dn} v - k\operatorname{cn} v)\,dv$$

fällt dann heraus, und wir erhalten

$$\left.\begin{aligned} &\int_0^b d\nu \int_b^a d\mu \left\{ \frac{\mu\,\nu(\mu^2-\nu^2)}{\sqrt{(b^2-\nu^2)(a^2-\nu^2)}\sqrt{(\mu^2-b^2)(a^2-\mu^2)}} \times \right. \\ &\qquad \left. \times \int_0^\nu \frac{d\nu'}{\sqrt{(b^2-\nu'^2)(a^2-\nu'^2)}} \right\} = \frac{\pi}{4}\,a\,k. \end{aligned}\right\} \quad (75)$$

Zur Bestimmung des auf der rechten Seite von Gl. (65) stehenden Doppelintegrals machen wir Gebrauch von einem Doppelintegraltheorem für Laméschen Produkte (s. HEINE [10] oder HOBSON [11]). Wir wollen es hier folgendermaßen anschreiben:

Mit der Substitution (68) läßt sich das Integral

$$\int_0^b [F_n^s(\nu)]^2 \frac{d\nu}{\sqrt{(b^2-\nu^2)(a^2-\nu^2)}} \quad (76)$$

durch Reduktion zurückführen auf

$$\int_0^K (\xi^* - \eta^* \operatorname{sn}^2 v)\,dv.$$

Ebenso läßt sich das Integral

$$\int_0 \nu^2 [F_n^s(\nu)]^2 \frac{d\nu}{\sqrt{(b^2-\nu^2)(a^2-\nu^2)}} \quad (77)$$

durch Reduktion zurückführen auf

$$\int_0^K (\Theta^* - \Phi^* \operatorname{sn}^2 v)\,dv.$$

Wir setzen

$$\left.\begin{aligned} \xi &= a\cdot\xi^*, \\ \eta &= \frac{a}{b^2}\eta^*, \\ \Theta &= a\,\Theta^*, \\ \Phi &= \frac{a}{b^2}\Phi^*. \end{aligned}\right\} \quad (78)$$

Die Aussage des Doppelintegraltheorems lautet dann:

$$\left.\begin{aligned} &\int_0^b d\nu \int_b^a d\mu \left\{ \frac{[F_n^s(\nu)\,F_n^s(\mu)]^2\cdot(\mu^2-\nu^2)}{\sqrt{(b^2-\nu^2)(a^2-\nu^2)}\sqrt{(\mu^2-b^2)(a^2-\mu^2)}} \right\} \\ &\qquad = \frac{\pi}{2}(\eta\,\Theta - \xi\,\Phi). \end{aligned}\right\} \quad (79)$$

Das Doppelintegral auf der rechten Seite von Gl. (65) ist ein Doppelintegral eben dieses Typs wegen $K_1^1(\nu) = \nu$ und $K_1^1(\mu) = \mu$.

Wir reduzieren gemäß (76)

$$\int_0^b \nu^2 \frac{d\nu}{\sqrt{(b^2-\nu^2)(a^2-\nu^2)}} = \frac{b^2}{a}\int_0^K \operatorname{sn}^2 v\,dv,$$

$$\xi = 0,$$

$$\eta = -1.$$

Wir reduzieren gemäß (77)

$$\int_0^b \nu^4 \frac{d\nu}{\sqrt{(b^2-\nu^2)(a^2-\nu^2)}} = \frac{b^4}{a}\int_0^K \operatorname{sn}^4 v\,dv$$

$$= -\frac{b^3}{3k}\int_0^K dv + \frac{2}{3}\frac{b^3}{k}(1+k^2)\int_0^K \operatorname{sn}^2 v\,dv,$$

$$\Theta = -\frac{b^2a^2}{3},$$

$$\Phi = -\frac{2}{3}a^2(1+k^2).$$

Nach (79) erhalten wir also

$$\left.\begin{aligned} &\int_0^b d\nu \int_b^a d\mu \left\{ \frac{\mu^2\nu^2(\mu^2-\nu^2)}{\sqrt{(b^2-\nu^2)(a^2-\nu^2)}\sqrt{(\mu^2-b^2)(a^2-\mu^2)}} \right\} \\ &\qquad = \frac{\pi}{2}\frac{b^2a^2}{3}. \end{aligned}\right\} \quad (80)$$

Die Integrale (75) und (80) setzen wir jetzt in Gl. (65) ein und finden

$$C_1^1 = E_0 \frac{e^{i\varkappa r_0} + \mathfrak{p}\,e^{-i\varkappa r_0}}{\varkappa r_0} \frac{D_1^1/a^3}{h_0^1(\varkappa r_0) - \frac{1}{\varkappa r_0}h_1^1(\varkappa r_0)} \quad (81\,\text{a})$$

mit

$$D_1^1 = \frac{3}{2k}. \quad (81\,\text{b})$$

$n = 3$

Im Falle $n = 3$ findet man zwei Funktionen der Klasse K_n^s (s. HOBSON [11])

$$\left.\begin{aligned} K_3^1(\nu) &= \nu^3 + A\nu, & K_3^2(\nu) &= \nu^3 + B\nu, \\ K_3^1(\mu) &= \mu^3 + A\mu, & K_3^2(\mu) &= \mu^3 + B\mu. \end{aligned}\right\} \quad (82)$$

Hier ist wieder der Koeffizient der höchsten Potenz von ν bzw. von μ gleich 1 gesetzt worden. Es ist dabei

$$\left.\begin{aligned} A &= a^2\frac{1+k^2}{10}\left[+\sqrt{16 - \frac{60k^2}{(k^2+1)^2}} - 4\right], \\ B &= a^2\frac{1+k^2}{10}\left[-\sqrt{16 - \frac{60k^2}{(k^2+1)^2}} - 4\right]. \end{aligned}\right\} \quad (83)$$

$-\frac{A}{a^2}$ und $-\frac{B}{a^2}$ sind in Abb. 12 als Funktionen von α wiedergegeben.

Multiplikation der Gl. (62) mit

$$K_3^1(\nu)\,K_3^1(\mu)\frac{\mu^2-\nu^2}{\sqrt{(b^2-\nu^2)(a^2-\nu^2)}\sqrt{(\mu^2-b^2)(a^2-\mu^2)}}$$

und Integration über den gesamten Wertebereich von ν und μ liefert bei Berücksichtigung der Orthogonalitätsrelation (63)

$$\left.\begin{aligned} & E_0 \frac{e^{i\varkappa r_0} + \mathfrak{p}\, e^{-i\varkappa r_0}}{\varkappa r_0} \times \\ & \times \int_0^b d\nu \int_b^a d\mu \left\{ \frac{(\nu^3+A\nu)(\mu^3+A\mu)(\mu^2-\nu^2)}{\sqrt{(b^2-\nu^2)(a^2-\nu^2)}\,\sqrt{(\mu^2-b^2)(a^2-\mu^2)}} \times \right. \\ & \qquad \left. \times \int_0^\nu \frac{d\nu'}{\sqrt{(b^2-\nu'^2)(a^2-\nu'^2)}} \right\} \\ & = C_3^1 \left[h_2^1(\varkappa r_0) - \frac{3}{\varkappa r_0}\, h_3^1(\varkappa r_0) \right] \times \\ & \times \int_0^b d\nu \int_b^a d\mu \left\{ \frac{(\nu^3+A\nu)^2(\mu^3+A\mu)^2(\mu^2-\nu^2)}{\sqrt{(b^2-\nu^2)(a^2-\nu^2)}\,\sqrt{(\mu^2-b^2)(a^2-\mu^2)}} \right\}. \end{aligned}\right\} \tag{84}$$

Wir berechnen zunächst wieder das auf der linken Seite von Gl. (84) stehende Doppelintegral.

Zur Berechnung der bestimmten Integrale über μ führen wir μ^2 als neue Variable ein. Man findet (siehe Rekursionsformel bei GRÖBNER-HOFREITER [17])

$$\left.\begin{aligned} J_1 &= \int_b^a \frac{\mu^5 + A\mu^3}{\sqrt{(\mu^2-b^2)(a^2-\mu^2)}}\, d\mu \\ &= \frac{3\pi}{16}\, \frac{(1+k^2)^2}{k^2}\, b^2 a^2 - \frac{\pi}{4}\, b^2 a^2 + A\, \frac{\pi}{4}\,(1+k^2)\, a^2, \end{aligned}\right\} \tag{85}$$

$$J_2 = \int_b^a \frac{\mu^3 + A\mu}{\sqrt{(\mu^2-b^2)(a^2-\mu^2)}}\, d\mu = \frac{\pi}{4}\,(1+k^2)\, a^2 + A\, \frac{\pi}{2}. \tag{86}$$

Mit der Substitution (68) erhält man für das in Frage stehende Doppelintegral zunächst

$$\left.\begin{aligned} & \int_0^b d\nu \int_b^a d\mu \left\{ \frac{(\nu^3+A\nu)(\mu^3+A\mu)(\mu^2-\nu^2)}{\sqrt{(b^2-\nu^2)(a^2-\nu^2)}\,\sqrt{(\mu^2-b^2)(a^2-\mu^2)}} \times \right. \\ & \qquad \left. \times \int_0^\nu \frac{d\nu'}{\sqrt{(b^2-\nu'^2)(a^2-\nu'^2)}} \right\} \\ & = \int_0^b d\nu \left\{ \frac{(J_1 - J_2\,\nu^2)(\nu^3+A\nu)}{\sqrt{(b^2-\nu^2)(a^2-\nu^2)}} \int_0^\nu \frac{d\nu'}{\sqrt{(b^2-\nu'^2)(a^2-\nu'^2)}} \right\} \\ & = \frac{b^3}{a^2} \int_0^K (J_1\, \mathrm{sn}^3 v - J_2\, b^2\, \mathrm{sn}^5 v)\, v\, dv + \\ & \qquad + A\, \frac{b}{a^2} \int_0^K (J_1\, \mathrm{sn}\, v - J_2\, b^2\, \mathrm{sn}^3 v)\, v\, dv. \end{aligned}\right\} \tag{87}$$

Wir integrieren partiell

$$\begin{aligned} \int_0^K v\, \mathrm{sn}^5 v\, dv &= \left[v\, \frac{\mathrm{cn}\, v\, \mathrm{dn}\, v\, \mathrm{sn}^2 v}{4k^2} + \frac{3}{8}\, \frac{1+k^2}{k^4}\, v\, \mathrm{cn}\, v\, \mathrm{dn}\, v \right]_0^K + \\ & + \left[\frac{3}{8}\, \frac{(1+k^2)^2}{k^5}\, v \ln(\mathrm{dn}\, v - k\, \mathrm{cn}\, v) - \right. \\ & \left. - \frac{v}{2k^3} \ln(\mathrm{dn}\, v - k\, \mathrm{cn}\, v) \right]_0^K - \\ & - \frac{1}{4k^2} \int_0^K \mathrm{cn}\, v\, \mathrm{dn}\, v\, \mathrm{sn}^2 v\, dv - \\ & - \frac{3}{8}\, \frac{1+k^2}{k^4} \int_0^K \mathrm{cn}\, v\, \mathrm{dn}\, v\, dv - \\ & - \left[\frac{3}{8}\, \frac{(1+k^2)^2}{k^5} - \frac{1}{2k^3} \right] \times \\ & \times \int_0^K \ln(\mathrm{dn}\, v - k\, \mathrm{cn}\, v)\, dv. \end{aligned}$$

Nun ist

$$\int_0^K \mathrm{cn}\, v\, \mathrm{dn}\, v\, \mathrm{sn}^2 v\, dv = [\mathrm{sn}^3 v]_0^K - 2 \int_0^K \mathrm{cn}\, v\, \mathrm{dn}\, v\, \mathrm{sn}^2 v\, dv,$$

also

$$\int_0^K \mathrm{cn}\, v\, \mathrm{dn}\, v\, \mathrm{sn}^2 v\, dv = \frac{1}{3}.$$

Damit erhalten wir

$$\left.\begin{aligned} \int_0^K v\, \mathrm{sn}^5 v\, dv &= K \left[\frac{3}{8}\, \frac{(1+k^2)^2}{k^5} - \frac{1}{2k^3} \right] \ln \sqrt{1-k^2} - \\ & - \frac{1}{12k^2} - \frac{3}{8}\, \frac{1+k^2}{k^4} - \\ & - \left[\frac{3}{8}\, \frac{(1+k^2)^2}{k^5} - \frac{1}{2k^3} \right] \times \\ & \times \int_0^K \ln(\mathrm{dn}\, v - k\, \mathrm{cn}\, v)\, dv. \end{aligned}\right\} \tag{88}$$

In (73), (74) und (88) sind die Integralumformungen für die in (87) auftretenden bestimmten Integrale über ν angegeben. Wir setzen diese Integralumformungen in (87) ein und berücksichtigen die Werte für J_1 und J_2 aus (85) und (86). Man stellt dann fest, daß das allein noch vorkommende bestimmte Integral

$$\int_0^K \ln(\mathrm{dn}\, v - k\, \mathrm{cn}\, v)\, dv$$

herausfällt. Wir ordnen den Rest nach Potenzen von A/a^2 und finden schließlich folgenden Wert für das auf der linken Seite von (84) stehende Integral:

$$\left.\begin{aligned} & \int_0^b d\nu \int_b^a d\mu \left\{ \frac{(\nu^3+A\nu)(\mu^3+A\mu)(\mu^2-\nu^2)}{\sqrt{(b^2-\nu^2)(a^2-\nu^2)}\,\sqrt{(\mu^2-b^2)(a^2-\mu^2)}} \times \right. \\ & \qquad \left. \times \int_0^\nu \frac{d\nu'}{\sqrt{(b^2-\nu'^2)(a^2-\nu'^2)}} \right\} \\ & = \frac{\pi}{48}\, \frac{b^3 a^2}{k^2} \left[7k^2 + k^4 + (9 + 11k^2)\, \frac{A}{a^2} + 12 \left(\frac{A}{a^2} \right)^2 \right]. \end{aligned}\right\} \tag{89}$$

Bei der Berechnung des auf der rechten Seite von Gl. (84) stehenden Doppelintegrals machen wir wieder Gebrauch von dem zitierten Doppelintegraltheorem. Gemäß der Vorschrift (76) reduzieren wir

$$\begin{aligned} & \int_0^b (\nu^3 + A\nu)^2\, \frac{d\nu}{\sqrt{(b^2-\nu^2)(a^2-\nu^2)}} \\ & = \frac{1}{a} \int_0^K (b^6\, \mathrm{sn}^6 v + 2A\, b^4\, \mathrm{sn}^4 v + A^2\, b^2\, \mathrm{sn}^2 v)\, dv \\ & = \left[-\frac{b^6}{a}\, \frac{4}{15}\, \frac{1+k^2}{k^4} - A\, \frac{b^4}{a}\, \frac{2}{3k^2} \right] \int_0^K dv + \left[\frac{b^6}{a}\, \frac{8}{15} \times \right. \\ & \left. \times \frac{(1+k^2)^2}{k^4} - \frac{b^6}{a}\, \frac{3}{5k^2} + A\, \frac{b^4}{a}\, \frac{4}{3}\, \frac{1+k^2}{k^2} + A^2\, \frac{b^2}{a} \right] \int_0^K \mathrm{sn}^2 v\, dv. \end{aligned}$$

Wir lesen ab:

$$\xi = -\, b^6\, \frac{4}{15}\, \frac{1+k^2}{k^4} - A\, b^4\, \frac{2}{3k^2},$$

$$\eta = -\, b^4\, \frac{8}{15}\, \frac{(1+k^2)^2}{k^4} + b^4\, \frac{3}{5k^2} - A\, b^2\, \frac{4}{3}\, \frac{1+k^2}{k^2} - A^2.$$

Wir reduzieren gemäß (77)

$$\int_0^b \nu^2(\nu^3+A\nu)^2 \frac{d\nu}{\sqrt{(b^2-\nu^2)(a^2-\nu^2)}}$$

$$= \frac{1}{a}\int_0^K (b^8 \operatorname{sn}^8 v + 2Ab^6 \operatorname{sn}^6 v + A^2 b^4 \operatorname{sn}^4 v)\,dv$$

$$= \left[\frac{b^8}{a}\frac{5}{21k^4} - \frac{b^8}{a}\frac{8}{35}\frac{(1+k^2)^2}{k^6} - \right.$$

$$\left. - A\frac{b^6}{a}\frac{8}{15}\frac{1+k^2}{k^4} - A^2\frac{b^4}{a}\frac{1}{3k^2}\right]\int_0^K dv +$$

$$+\left[\frac{b^8}{a}\frac{16}{35}\frac{(1+k^2)^3}{k^6} - \frac{b^8}{a}\frac{104}{105}\frac{1+k^2}{k^4}\right.$$

$$+A\frac{b^6}{a}\frac{16}{15}\frac{(1+k^2)^2}{k^4} - A\frac{b^6}{a}\frac{6}{5k^2} +$$

$$\left. + A^2\frac{b^4}{a}\frac{2}{3}\frac{1+k^2}{k^2}\right]\int_0^K \operatorname{sn}^2 v\,dv$$

und lesen wieder ab:

$$\Theta = b^8\frac{5}{21k^4} - b^8\frac{8}{35}\frac{(1+k^2)^2}{k^6} -$$

$$- Ab^6\frac{8}{15}\frac{1+k^2}{k^4} - A^2 b^4\frac{1}{3k^2},$$

$$\Phi = -b^6\frac{16}{35}\frac{(1+k^2)^3}{k^6} + b^6\frac{104}{105}\frac{1+k^2}{k^4} -$$

$$- Ab^4\frac{16}{15}\frac{(1+k^2)^2}{k^4} + Ab^4\frac{6}{5k^2} - A^2b^2\frac{2}{3}\frac{1+k^2}{k^2}.$$

Nach (79) erhalten wir schließlich, geordnet nach Potenzen von A/a^2,

$$\left.\begin{aligned} &\int_0^b d\nu\int_b^a d\mu\left\{\frac{(\nu^3+A\nu)^2(\mu^3+A\mu)^2(\mu^2-\nu^2)}{\sqrt{(b^2-\nu^2)(a^2-\nu^2)}\sqrt{(\mu^2-b^2)(a^2-\mu^2)}}\right\}\\ &=\frac{\pi}{210}\frac{b^{12}}{k^{10}}\left\{15k^4+36k^2(1+k^2)\frac{A}{a^2}+\right.\\ &\qquad+[24(1+k^2)^2+38k^2]\left(\frac{A}{a^2}\right)^2+\\ &\qquad\left.+56(1+k^2)\left(\frac{A}{a^2}\right)^3+35\left(\frac{A}{a^2}\right)^4\right\}.\end{aligned}\right\}\quad(90)$$

Die nunmehr bekannten Integrale (89) und (90) setzen wir in Gl. (84) ein. Wir finden

$$C_3^1 = E_0\frac{e^{i\varkappa r_0}+\mathfrak{p}\,e^{-i\varkappa r_0}}{\varkappa r_0}\cdot\frac{D_3^1/a^7}{h_2^1(\varkappa r_0)-\dfrac{3}{\varkappa r_0}h_3^1(\varkappa r_0)}\quad(91\,\mathrm{a})$$

mit der Abkürzung

$$\left.D_3^1 = \frac{35}{8k}\cdot\frac{\begin{aligned}&7k^2+k^4+\\&+(9+11k^2)\frac{A}{a^2}+12\left(\frac{A}{a^2}\right)^2\end{aligned}}{\begin{aligned}&15k^4+36k^2(1+k^2)\frac{A}{a^2}+\\&+[24(1+k^2)^2+38k^2]\left(\frac{A}{a^2}\right)^2+56(1+k^2)\left(\frac{A}{a^2}\right)^3+35\left(\frac{A}{a^2}\right)^4\end{aligned}}.\right\}\quad(91\,\mathrm{b})$$

Die Laméschen Funktionen $K_3^1(\nu)$ und $K_3^2(\nu)$ unterscheiden sich nur durch die Konstanten A und B voneinander bei sonst gleichem Aufbau. Der Reihenkoeffizient C_3^2 hat also auch genau dieselbe Form wie C_3^1, nur mit einem B überall dort, wo bei C_3^1 ein A steht. Es ist also

$$C_3^2 = E_0\frac{e^{i\varkappa r_0}+\mathfrak{p}\,e^{-i\varkappa r_0}}{\varkappa r_0}\cdot\frac{D_3^2/a^7}{h_2^1(\varkappa r_0)-\dfrac{3}{\varkappa r_0}h_3^1(\varkappa r_0)}\quad(92\,\mathrm{a})$$

mit der Abkürzung

$$\left.D_3^2 = \frac{35}{8k}\cdot\frac{\begin{aligned}&7k^2+k^4+\\&+(9+11k^2)\frac{B}{a^2}+12\left(\frac{B}{a^2}\right)^2\end{aligned}}{\begin{aligned}&15k^4+36k^2(1+k^2)\frac{B}{a^2}+\\&+[24(1+k^2)^2+38k^2]\left(\frac{B}{a^2}\right)^2+56(1+k^2)\left(\frac{B}{a^2}\right)^3+35\left(\frac{B}{a^2}\right)^4\end{aligned}}.\right\}\quad(92\,\mathrm{b})$$

b) Berechnung des Reflexionskoeffizienten

Die Reihenkoeffizienten C_n^s enthalten den bislang noch unbekannten Reflexionskoeffizienten $\mathfrak{p}$. Zu seiner Bestimmung schließen wir jetzt die Feldkomponenten H_μ der TEM-Welle im Innenraum unserer Sektorleitung und der Kugelwelle elektrischen Typs im Außenraum der Leitung auf der Aperturfläche $r=r_0$ aneinander an.

Aus Gl. (22) und (55) erhalten wir bei geeigneter Umformung und bei Berücksichtigung von $H_0=E_0/Z_0$.

$$E_0\frac{e^{i\varkappa r_0}-\mathfrak{p}\,e^{-i\varkappa r_0}}{\varkappa r_0}\frac{1}{\sqrt{(b^2-\nu^2)(a^2-\nu^2)}}$$

$$= i\sum_{n=1;3;5}^{\infty}\sum_{s=1}^{\frac{1}{2}(n+1)} C_n^s h_n^1(\varkappa r_0)\frac{dK_n^s(\nu)}{d\nu}K_n^s(\mu).$$

Wir integrieren über ν von 0 bis b und über μ von b bis a:

$$\left.\begin{aligned}&E_0\frac{e^{i\varkappa r_0}-\mathfrak{p}\,e^{-i\varkappa r_0}}{\varkappa r_0}(1-k)K\\ &= i\sum_{n=1;3;5}^{\infty}\sum_{s=1}^{\frac{1}{2}(n+1)} C_n^s h_n^1(\varkappa r_0)K_n^s(b)\int_b^a K_n^s(\mu)\,d\mu.\end{aligned}\right\}\quad(93)$$

Auf der linken Seite dieser Gleichung ist mit K wieder das vollständige elliptische Integral erster Gattung mit dem Modul $k=\cos\alpha$ bezeichnet.

Wir beschränken uns wieder auf die Reihenglieder $n=1$ und $n=3$.

Es ist nun

$$K_1^1(b)=b,$$

$$K_3^1(b)=b^3+Ab=a^3k\left(k^2+\frac{A}{a^2}\right),$$

$$K_3^2(b)=b^3+Bb=a^3k\left(k^2+\frac{B}{a^2}\right),$$

$$\int_b^a K_1^1(\mu)\,d\mu = a^2\frac{1-k^2}{2},$$

$$\int_b^a K_3^1(\mu)\,d\mu = \frac{a^4}{4}\left(1+k^2+2\frac{A}{a^2}\right)(1-k^2),$$

$$\int_b^a K_3^2(\mu)\,d\mu = \frac{a^4}{4}\left(1+k^2+2\frac{B}{a^2}\right)(1-k^2).$$

Wir setzen dies in Gl. (93) ein und erhalten

$$\left.\begin{aligned} &E_0 \frac{e^{i\varkappa r_0} - \mathfrak{p}\, e^{-i\varkappa r_0}}{\varkappa r_0} \\ &= i C_1^1 h_1^1(\varkappa r_0)\, a^3 \frac{k(1+k)}{2K} + \\ &+ i C_3^1 h_3^1(\varkappa r_0)\, a^7 \frac{k\left(k^2 + \frac{A}{a^2}\right)\left(1+k^2+2\frac{A}{a^2}\right)(1+k)}{4K} + \\ &+ i C_3^2 h_3^1(\varkappa r_0)\, a^7 \frac{k\left(k^2 + \frac{B}{a^2}\right)\left(1+k^2+2\frac{B}{a^2}\right)(1+k)}{4K}. \end{aligned}\right\} \quad (94)$$

C_1^1, C_3^1 und C_3^2 sind nach Gl. (81a), (91a) und (92a) bekannt. Um unsere Endformel übersichtlich schreiben zu können, führen wir eine weitere Abkürzung ein:

$$G_1^1(\alpha) = D_1^1 \frac{k(1+k)}{2K}, \quad (95)$$

$$G_3^1(\alpha) = D_3^1 \frac{k\left(k^2 + \frac{A}{a^2}\right)\left(1 + k^2 + 2\frac{A}{a^2}\right)(1+k)}{4K}, \quad (96)$$

$$G_3^2(\alpha) = D_3^2 \frac{k\left(k^2 + \frac{B}{a^2}\right)\left(1 + k^2 + 2\frac{B}{a^2}\right)(1+k)}{4K}. \quad (97)$$

Damit gewinnen wir aus Gl. (94) nach Umformung

$$\left.\begin{aligned} &\mathfrak{p} = e^{2i\varkappa r_0} \times \\ &\times \frac{1 - i \sum\limits_{n=1;3} \sum\limits_{s=1}^{\frac{1}{2}(n+1)} G_n^s(\alpha) \dfrac{h_n^1(\varkappa r_0)}{h_{n-1}^1(\varkappa r_0) - \frac{n}{\varkappa r_0} h_n^1(\varkappa r_0)}}{1 + i \sum\limits_{n=1;3} \sum\limits_{s=1}^{\frac{1}{2}(n+1)} G_n^s(\alpha) \dfrac{h_n^1(\varkappa r_0)}{h_{n-1}^1(\varkappa r_0) - \frac{n}{\varkappa r_0} h_n^1(\varkappa r_0)}}. \end{aligned}\right\} \quad (98)$$

Die Koeffizienten G_1^1, G_3^1 und G_3^2 hängen wegen $k = \cos\alpha$ nur noch vom Winkel α ab. Wir fassen zusammen:

$$G_1(\alpha) = G_1^1(\alpha) = \frac{3(1+k)}{4K}, \quad (99)$$

$$\left.\begin{aligned} &G_3(\alpha) = G_3^1(\alpha) + G_3^2(\alpha) \\ &= \frac{35}{32K} \frac{\left[7k^2+k^4+(9+11k^2)\frac{A}{a^2}+12\left(\frac{A}{a^2}\right)^2\right] \times \left(k^2+\frac{A}{a^2}\right)\left(1+k^2+2\frac{A}{a^2}\right)(1+k)}{15k^4+36k^2(1+k^2)\frac{A}{a^2}+[24(1+k^2)^2+38k^2] \times \left(\frac{A}{a^2}\right)^2+56(1+k^2)\left(\frac{A}{a^2}\right)^3+35\left(\frac{A}{a^2}\right)^4} + \\ &+ \frac{35}{32K} \frac{\left[7k^2+k^4+(9+11k^2)\frac{B}{a^2}+12\left(\frac{B}{a^2}\right)^2\right] \times \left(k^2+\frac{B}{a^2}\right)\left(1+k^2+2\frac{B}{a^2}\right)(1+k)}{15k^4+36k^2(1+k^2)\frac{B}{a^2}+[24(1+k^2)^2+38k^2] \times \left(\frac{B}{a^2}\right)^2+56(1+k^2)\left(\frac{B}{a^2}\right)^3+35\left(\frac{B}{a^2}\right)^4}. \end{aligned}\right\} \quad (100)$$

Wir können jetzt endgültig schreiben:

$$\mathfrak{p} = e^{2i\varkappa r_0} \frac{1 - i \sum\limits_{n=1;3} G_n(\alpha) \dfrac{h_n^1(\varkappa r_0)}{h_{n-1}^1(\varkappa r_0) - \frac{n}{\varkappa r_0} h_n^1(\varkappa r_0)}}{1 + i \sum\limits_{n=1;3} G_n(\alpha) \dfrac{h_n^1(\varkappa r_0)}{h_{n-1}^1(\varkappa r_0) - \frac{n}{\varkappa r_0} h_n^1(\varkappa r_0)}} \quad (101)$$

$\mathfrak{p}$ ist natürlich eine dimensionslose Größe.

In Abb. 5 sind die wichtigen Funktionen $G_1(\alpha)$ und $G_3(\alpha)$ aufgetragen. Die relativ stärkste Abnahme der Entwicklungskoeffizienten $G_1(\alpha)$ und $G_3(\alpha)$ liegt offenbar bei $\alpha \approx 45°$ vor. Für einen Kreissektor mit dem Öffnungswinkel $2\alpha \approx 90°$ wird unsere Reihenentwicklung also am besten konvergieren. Um die Konvergenz der Reihenentwicklung für große Werte von $\varkappa r_0$ zu gewährleisten, muß man weitere Glieder $n = 5; 7; 9; \ldots$ mitnehmen. Die Laméschen Polynome $K_5^s, K_7^s, K_9^s, \ldots$ sind aber noch nicht bekannt. Bei der Berechnung dieser Polynome wird man auf Gleichungen vom Grade $\frac{1}{2}(n+1)$ geführt.

Wir wollen die Lage des Extremums (mit horizontaler Wendetangente) der Funktion $G_1(\alpha)$ bestimmen.

$$\frac{dG_1(\alpha)}{d\alpha} = \frac{d}{dk}\left(\frac{3}{4}\frac{1+k}{K(k)}\right) \cdot \frac{dk}{d\alpha} = \frac{3}{4} \frac{\frac{dK(k)}{dk}(1+k) - K(k)}{K(k)^2} \cdot \frac{dk}{d\alpha}.$$

Es ist

$$K(k) = \int_0^1 \frac{dt}{\sqrt{(1-t^2)(1-k^2t^2)}},$$

also

$$k\frac{dK(k)}{dk} = \int_0^1 \frac{k^2t^2\,dt}{\sqrt{(1-t^2)(1-k^2t^2)^3}} = -K(k) + \int_0^1 \frac{dt}{\sqrt{(1-t^2)(1-k^2t^2)^3}}.$$

Wir substituieren

$$t'^2 = \frac{(1-k^2)\,t^2}{1-k^2t^2}$$

und finden

$$k\frac{dK(k)}{dk} = -K(k) + \frac{1}{1-k^2}\int_0^1 \sqrt{\frac{(1-k^2)+k^2t'^2}{1-t'^2}}\,dt'.$$

Es ist also

$$k\frac{dK(k)}{dk} = -K(k) + \frac{E(k)}{1-k^2}.$$

$E(k)$ ist das vollständige elliptische Integral zweiter Gattung mit dem Modul $k = \cos\alpha$. Wir setzen

$$\frac{dG_1(\alpha)}{d\alpha} = 0$$

und finden dann folgende Bestimmungsgleichung für die Lage α_0 des Extremums von $G_1(\alpha)$

$$E(\cos\alpha_0) - (1 + \cos\alpha_0 - 2\cos^2\alpha_0)\,K(\cos\alpha_0) = 0.$$

Eine Überschlagsrechnung liefert

$$46° < \alpha_0 < 47°. \quad (102)$$

Bei rotationssymmetrischen Kegelantennen lauten die unseren $G_n(\alpha)$ entsprechenden Funktionen (s. BORGNIS-PAPAS [8]):

$$\frac{1}{\ln\operatorname{cotg}\frac{\alpha}{2}} \frac{2n+1}{n(n+1)} \left[P_n(\cos\alpha)\right]^2$$

Dabei ist α der halbe Öffnungswinkel der Kegelantenne und $P_n(\cos\alpha)$ eine zonale Kugelfunktion vom Grade n $(n = 1; 3; 5 \ldots)$. Die beiden ersten Entwicklungskoeffizienten ($n = 1$ und $n = 3$) weisen ungefähr dasselbe Verhalten auf wie unsere Koeffizienten $G_1(\alpha)$

und $G_3(\alpha)$. Allerdings liegt das Maximum des ersten Entwicklungskoeffizienten hier bei $\alpha_0 \approx 36°$. Die höheren Entwicklungskoeffizienten ($n = 5; 7; 9; \ldots$) bleiben bei rotationssymmetrischen Kegelantennen klein. Qualitativ ist dasselbe Verhalten bei den in dieser Arbeit behandelten Kreissektor-Antennen zu erwarten.

Um den Konvergenzbereich der Entwicklung des Reflexionskoeffizienten $\mathfrak{p}$ in (101) unter alleiniger Berücksichtigung der berechneten Werte von $G_1(\alpha)$ und $G_3(\alpha)$ für $\alpha = 45°$ festzustellen, wurde der Ausdruck

$$\frac{h_n^1(\varkappa r_0)}{h_{n-1}^1(\varkappa r_0) - \frac{n}{\varkappa r_0} h_n^1(\varkappa r_0)}$$

als Funktion von $\varkappa r_0$ für $n = 1$, $n = 3$ und $n = 5$ berechnet. Wenn man annimmt, daß $G_5(45°)$ kleiner wird als $G_3(45°)$, kann man mit befriedigender Konvergenz bis $\varkappa r_0 \approx 3{,}8$ rechnen.

c) *Berechnung der elektrischen Feldkomponente $E_{\vartheta\infty}$*

Wegen

$$u = \frac{\partial P_r}{\partial r}$$

ist

$$E_\vartheta = \mathrm{grad}_\vartheta\, u = \frac{1}{r}\frac{\partial}{\partial\vartheta}\left(\frac{\partial P_r}{\partial r}\right). \tag{103}$$

Wir fanden folgende Entwicklung für die Komponente P_r des Hertzschen Vektors [s. Gl. (50)]:

$$P_r = \frac{\sqrt{\frac{\pi}{2}}}{\varkappa} \sum_{n=1;3;5}^{\infty} \sum_{s=1}^{\frac{1}{2}(n+1)} C_n^s \sqrt{\frac{r}{\varkappa}}\, H_{n+\frac{1}{2}}^1(\varkappa r)\, K_n^s(\nu)\, K_n^s(\mu).$$

Bei Berücksichtigung von (53) erhält man

$$\left.\begin{aligned} \frac{1}{r}\frac{\partial P_r}{\partial r} = \sum_{n=1;3;5}^{\infty} \sum_{s=1}^{\frac{1}{2}(n+1)} C_n^s \left[h_{n-1}^1(\varkappa r) - \frac{n}{\varkappa r} h_n^1(\varkappa r)\right] \times \\ \times K_n^s(\nu)\, K_n^s(\mu). \end{aligned}\right\} \tag{104}$$

Wir beschränken uns wieder auf die Reihenglieder $n = 1$ und $n = 3$. Es ist

$$\begin{aligned} K_1^1(\nu)\, K_1^1(\mu) &= \nu\mu, \\ K_3^1(\nu)\, K_3^1(\mu) &= \nu^3\mu^3 + A^2\nu\mu + A\nu\mu(\nu^2 + \mu^2), \\ K_3^2(\nu)\, K_3^2(\mu) &= \nu^3\mu^3 + B^2\nu\mu + B\nu\mu(\nu^2 + \mu^2), \end{aligned}$$

mit den Konstanten A und B aus (83). Aus den Transformationsformeln (1) gewinnt man

$$\begin{aligned} \nu\mu &= b\,a\cos\vartheta, \\ \nu^2 + \mu^2 &= a^2[(1 + k^2) - (\sin^2\varphi + k^2\cos^2\varphi)\sin^2\vartheta]. \end{aligned}$$

Dabei wurde wieder $k = b/a = \cos\alpha$ gesetzt.

Die oben angeschriebenen Produkte $K_n^s(\nu) \cdot K_n^s(\mu)$ können wir hiermit in Kugelkoordinaten ϑ und φ umformen. Das Ergebnis dieser Umformung setzen wir in Gl. (104) ein. Aus Gl. (103) erhält man dann schließlich

$$\left.\begin{aligned} E_\vartheta = {} & C_1^1\left[h_0^1(\varkappa r) - \frac{1}{\varkappa r} h_1^1(\varkappa r)\right] b a \frac{\partial}{\partial\vartheta}(\cos\vartheta) + \\ & + C_3^1\left[h_2^1(\varkappa r) - \frac{3}{\varkappa r} h_3^1(\varkappa r)\right] \frac{\partial}{\partial\vartheta} \times \\ & \times \{b^3a^3\cos^3\vartheta + A^2 ba\cos\vartheta + A\,ba^3\cos\vartheta \times \\ & \times [1 + k^2 - (\sin^2\varphi + k^2\cos^2\varphi)\sin^2\vartheta]\} + \\ & + C_3^2\left[h_2^1(\varkappa r) - \frac{3}{\varkappa r} h_3^1(\varkappa r)\right] \frac{\partial}{\partial\vartheta} \times \\ & \times \{b^3a^3\cos^3\vartheta + B^2 ba\cos\vartheta + B\,ba^3\cos\vartheta \times \\ & \times [1 + k^2 - (\sin^2\varphi + k^2\cos^2\varphi)\sin^2\vartheta]\}. \end{aligned}\right\} \tag{105}$$

Uns interessiert das Fernfeld ($\varkappa \cdot r \gg 1$). Wir machen Gebrauch von der asymptotischen Entwicklung der Hankelschen Funktionen (s. SOMMERFELD [14])

$$H_{n+\frac{1}{2}}^1(\varkappa r) = \sqrt{\frac{2}{\pi\varkappa r}}\, e^{i\varkappa r}\, i^{-(n+1)}.$$

Es ist also asymptotisch

$$h_n^1(\varkappa r) = \frac{e^{i\varkappa r}}{\varkappa r}\, i^{-(n+1)}. \tag{106}$$

Mit den Koeffizienten C_1^1, C_3^1 und C_3^2 aus (81a), (91a) und (92a) gewinnen wir für das Fernfeld $E_{\vartheta\infty}$ schließlich folgende Formel:

$$\left.\begin{aligned} E_{\vartheta\infty} = {} & E_0 \frac{e^{i\varkappa r_0} + \mathfrak{p}\, e^{-i\varkappa r_0}}{\varkappa r_0} \frac{b}{a^2}\, i\, \frac{e^{i\varkappa r}}{\varkappa r} \sin\vartheta \times \\ & \times \left\{ - D_1^1(\alpha) \frac{1}{h_0^1(\varkappa r_0) - \frac{1}{\varkappa r_0} h_1^1(\varkappa r_0)} + \right. \\ & + D_3^1(\alpha) \frac{3\cos^2\vartheta\left[k^2 + \frac{A}{a^2} - \frac{A}{a^2}(1 - k^2)\cos^2\varphi\right] + \left[\left(\frac{A}{a^2}\right)^2 + \frac{A}{a^2}k^2 + \frac{A}{a^2}(1 - k^2)\cos^2\varphi\right]}{h_2^1(\varkappa r_0) - \frac{3}{\varkappa r_0} h_3^1(\varkappa r_0)} + \\ & \left. + D_3^2(\alpha) \frac{3\cos^2\vartheta\left[k^2 + \frac{B}{a^2} - \frac{B}{a^2}(1 - k^2)\cos^2\varphi\right] + \left[\left(\frac{B}{a^2}\right)^2 + \frac{B}{a^2}k^2 + \frac{B}{a^2}(1 - k^2)\cos^2\varphi\right]}{h_2^1(\varkappa r_0) - \frac{3}{\varkappa r_0} h_3^1(\varkappa r_0)} \right\}. \end{aligned}\right\} \tag{107}$$

Dabei wurden Glieder mit $1/r^2$ gegen Glieder mit $1/r$ vernachlässigt.

d) *Formelsammlung*

Für die Jacobischen elliptischen Funktionen $\mathrm{sn}(v; k)$, $\mathrm{cn}(v; k)$ und $\mathrm{dn}(v; k)$ wollen wir in allen Formeln einfach $\mathrm{sn}\,v$, $\mathrm{cn}\,v$ und $\mathrm{dn}\,v$ schreiben.

$$\begin{aligned} \mathrm{sn}^2 v + \mathrm{cn}^2 v &= 1, \\ \mathrm{dn}^2 v + k^2\,\mathrm{sn}^2 v &= 1. \end{aligned}$$

$f(v)$	$\mathrm{sn}\,v$	$\mathrm{cn}\,v$	$\mathrm{dn}\,v$
$f(0)$	0	1	1
$f(K)$	1	0	$\sqrt{1-k^2}$

Mit K bezeichnen wir das vollständige elliptische Integral erster Gattung.

$$K = K(k) = \int_0^1 \frac{dx}{\sqrt{(1 - x^2)(1 - k^2x^2)}},$$

$$\frac{d}{dv}(\mathrm{sn}\,v) = \mathrm{cn}\,v\,\mathrm{dn}\,v,$$

$$\frac{d}{dv}(\mathrm{cn}\,v) = -\,\mathrm{sn}\,v\,\mathrm{dn}\,v,$$

$$\frac{d}{dv}(\mathrm{dn}\,v) = -\,k^2\,\mathrm{sn}\,v\,\mathrm{cn}\,v,$$

$$\int \mathrm{sn}\,v\,\mathrm{cn}\,v\,dv = -\frac{1}{k^2}\,\mathrm{dn}\,v,$$

$$\int \operatorname{sn} v \operatorname{dn} v \, dv = -\operatorname{cn} v,$$

$$\int \operatorname{cn} v \operatorname{dn} v \, dv = \operatorname{sn} v,$$

$$\int \operatorname{sn}^n v \, dv = \frac{\operatorname{cn} v \operatorname{dn} v \operatorname{sn}^{n-3} v}{(n-1) k^2} + \frac{(n-2)(1+k^2)}{(n-1)k^2} \int \operatorname{sn}^{n-2} v \, dv - \frac{n-3}{(n-1)k^2} \int \operatorname{sn}^{n-4} v \, dv, \qquad (n \neq 1)$$

$$\int \operatorname{sn} v \, dv = \frac{1}{k} \ln (\operatorname{dn} v - k \operatorname{cn} v),$$

$$\int \operatorname{sn}^3 v \, dv = \frac{\operatorname{cn} v \operatorname{dn} v}{2k^2} + \frac{1+k^2}{2k^3} \ln (\operatorname{dn} v - k \operatorname{cn} v),$$

$$\int \operatorname{sn}^5 v \, dv = \frac{\operatorname{cn} v \operatorname{dn} v \operatorname{sn}^2 v}{4k^2} + \frac{3}{8} \frac{1+k^2}{k^4} \operatorname{cn} v \operatorname{dn} v + \left[\frac{3}{8} \frac{(1+k^2)^2}{k^5} - \frac{1}{2k^3}\right] \ln (\operatorname{dn} v - k \operatorname{cn} v),$$

$$\int_0^K \operatorname{sn}^4 v \, dv = \frac{2}{3} \frac{1+k^2}{k^2} \int_0^K \operatorname{sn}^2 v \, dv - \frac{1}{3k^2} \int_0^K dv,$$

$$\int_0^K \operatorname{sn}^6 v \, dv = \left[\frac{8}{15} \frac{(1+k^2)^2}{k^4} - \frac{3}{5k^2}\right] \int_0^K \operatorname{sn}^2 v \, dv - \frac{4}{15} \frac{1+k^2}{k^4} \int_0^K dv,$$

$$\int_0^K \operatorname{sn}^8 v \, dv = \left[\frac{16}{35} \frac{(1+k^2)^3}{k^6} - \frac{104}{105} \frac{1+k^2}{k^4}\right] \int_0^K \operatorname{sn}^2 v \, dv + \left[\frac{5}{21 k^4} - \frac{8}{35} \frac{(1+k^2)^2}{k^6}\right] \int_0^K dv.$$

Teil C

Experimentelle Untersuchungen an ebenen Flächenantennen

1. Widerstandsmessung

a) Methode zur Messung des Antennen-Eingangswiderstandes

Den Versuchsaufbau zur Ermittlung des Eingangswiderstandes zeigt im Prinzip Abb. 1.

Von einem Rohde & Schwarz-Sender führt ein Koaxialkabel zu einer gewöhnlichen geschlitzten Meßleitung mit gleitender Sonde. Diese ist mit einem Anzeigegerät verbunden, welches direkt das Verhältnis $U_{\min}/U_{\max}$ der stehenden Welle auf der Meßleitung anzeigt. Der Innenleiter der Meßleitung führt über ein als Koaxialleitung ausgebildetes kurzes Anschlußstück zu der Flächenantenne. Der Außenleiter der Meßleitung steht über den Außenmantel des Anschlußstückes direkt mit einer quadratischen Aluminiumplatte in Verbindung, die eine Seitenlänge von 2 m besitzt. Der Fußpunkt der ebenen Flächenantenne liegt genau in der Ebene dieser Grundplatte.

Aus der Lage des ersten Spannungsminimums auf der Speiseleitung, vom Antennenfußpunkt aus gesehen, und den abgelesenen Werten von $U_{\min}/U_{\max}$ wurde in bekannter Weiese der auf den Antennenfußpunkt bezogene Widerstand aus dem Smith-Diagramm abgelesen. Die gesamte Leitung zwischen Sender und Antenne besaß einen Wellenwiderstand von 60 Ω.

b) Widerstandsortskurven ebener Flächenantennen

Die so gemessene Widerstandsortskurve einer Kreissektor-Antenne mit einem Öffnungswinkel von $2\alpha = 90°$ zeigt Abb. 16. Sie ist zu vergleichen mit der berechneten Widerstandsortskurve in Abb. 6. Der Realteil wird demnach durch unsere Rechnung einigermaßen gut wiedergegeben. Die starke Abweichung in den Blindanteilen ist, wie bereits näher ausgeführt wurde, auf die alleinige Berücksichtigung der Hauptwelle zurückzuführen.

Die Feldtheorie der ebenen Sektorantenne zeichnete den 90°-Kreissektor durch ein Maximum an Breitbandigkeit gegenüber allen Kreissektor-Antennen mit anderen Öffnungswinkeln aus. Ist es möglich, eine ebene Flächenantenne anzugeben, die den 90°-Kreissektor an Breitbandigkeit übertrifft?

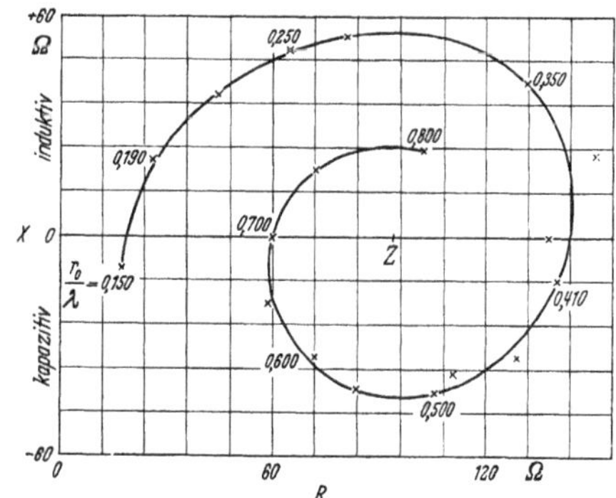

Abb. 16. Widerstandsortskurve der sektorförmigen Flächenantenne mit $2\alpha = 90°$

Die Analyse des zur Ausstrahlung führenden Wellenvorganges ergab, daß der Eingangswiderstand von Antennen mit ortsunabhängigem Wellenwiderstand bestimmt wird durch die Reflexion der auslaufenden Welle an der Inhomogenitätsstelle, die unsere spezielle elliptische Kegelleitung vom freien Raum trennt. Bei ebenen Flächenantennen mit anderen Formen wird aber noch eine Reflexion infolge des jetzt ortsabhängigen Wellenwiderstandes hinzutreten. Wir übertragen nun in geeigneter Weise eine Aussage der Leitungstheorie auf unser Problem: Es ist zu vermuten, daß insbesondere Antennen mit exponentiellem Wellenwiderstandsverlauf günstige Breitbandeigenschaften aufweisen werden.

Wir wollen mit $r(\delta)$ den Ortsvektor der Randpunkte einer ebenen Fläche bezeichnen, die zu einer Geraden symmetrisch ist. Symmetriegerade und Ortsvektor schließen den Winkel δ ein. Dann soll der ortsabhängige Wellenwiderstand von der folgenden Form sein:

$$Z = C_1 e^{\frac{r(\delta)}{r(\delta_0)}} + C_2.$$

Wir setzen [s. Gl. (27)]

$$Z = 30\pi \frac{K(\cos\delta)}{K(\sin\delta)} \Omega$$

und erhalten als Bestimmungsgleichung für $r(\delta)$

$$30\pi \frac{K(\cos\delta)}{K(\sin\delta)} \Omega = C_1 e^{\frac{r(\delta)}{r(\delta_0)}} + C_2.$$

Es ergeben sich flammenförmige Kurven $r(\delta)$ mit verschiedenen Öffnungswinkeln bei $r=0$ je nach Wahl von C_1 und C_2 $(C_1+C_2>0)$. Rein theoretisch gesehen, haben alle Formen eine unendlich lange Spitze. Auf eine Untersuchung dieser Exponential-Flächenantennen wurde in dieser Arbeit verzichtet. Insbesondere müßte festgestellt werden, welcher Öffnungswinkel am Antenneneingang jetzt zu optimalem

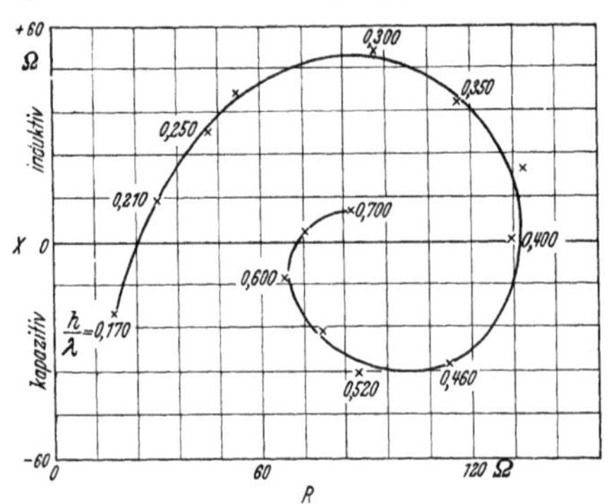

Abb. 17. Widerstandsortskurve der halben lemniskatenförmigen Flächenantenne

Breitbandverhalten führt. Außerdem müßte der Einfluß endlich langer Spitzen untersucht werden.

Stattdessen wurde eine halbe lemniskatenförmige Flächenantenne durchgemessen. Die Lemniskate besitzt einen Öffnungswinkel von 90° und wird dadurch

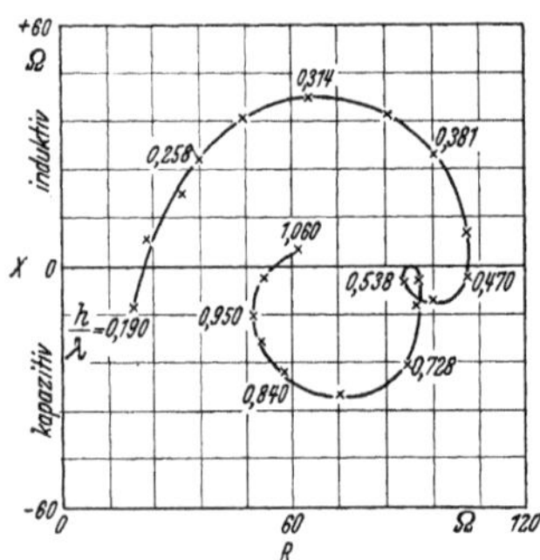

Abb. 18. Widerstandsortskurve der rhombusförmigen Flächenantenne

vergleichbar mit einem 90°-Kreissektor. Ferner verhält sie sich in Fußpunktsnähe ungefähr wie die entsprechende Exponentialantenne, besitzt aber im Gegensatz zu dieser eine kontinuierlich sich schließende Berandung.

Ihre Widerstandsortskurve ist in Abb. 17 wiedergegeben. Sie spult im gesamten betrachteten Frequenzbereich enger auf als die der Kreissektor-Antenne mit einem Öffnungswinkel von 90°. Analoge Überlegungen lassen eine gegenüber der 90°-Kreissektor-Antenne bessere Breitbandigkeit auch bei der von Arlt [6] angegebenen Rhombusantenne erwarten. Ihre Widerstandsortskurve ist hier in Abb. 18 aufgetragen. Der mittlere Wellenwiderstand ist kleiner als der des 90°-Sektors.

Abb. 19 zeigt schließlich Widerstandsortskurven dreieckförmiger ebener Flächenantennen.

In einer experimentellen Arbeit untersuchten Meiers und Summers [20] den Einfluß einer endlichen Grundplatte auf den Eingangswiderstand unsymmetrischer Antennen. Der Eingangswiderstand des

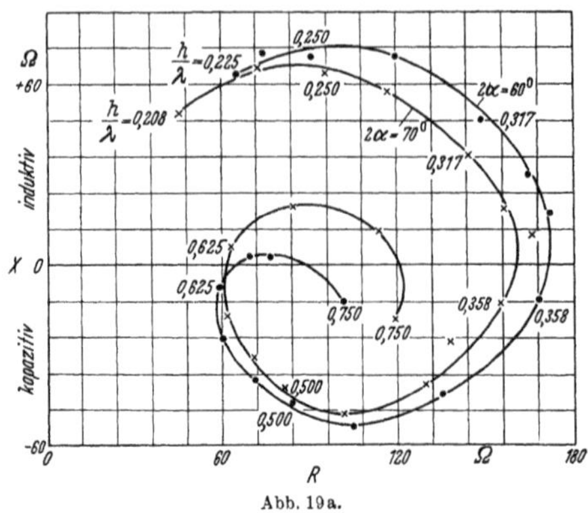

Abb. 19a.

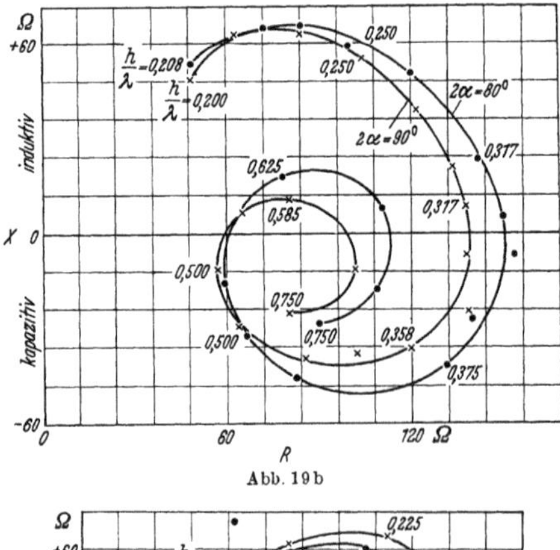

Abb. 19b

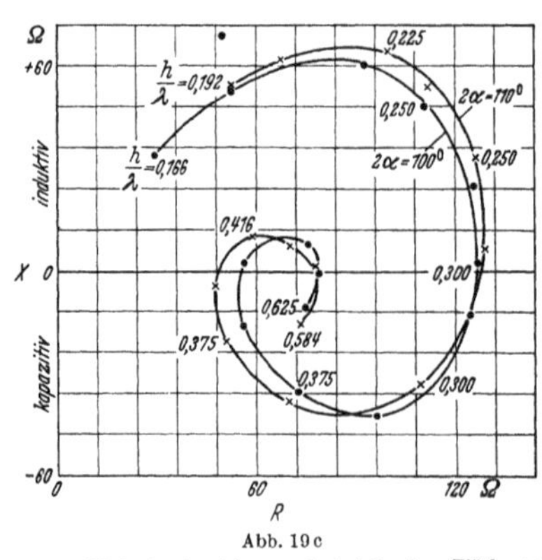

Abb. 19c

Abb. 19a—c. Widerstandsortskurven dreieckförmiger Flächenantennen

Systems $\lambda/4$ Antenne—Grundblech ergibt sich danach als gedämpfte oszillierende Funktion des Verhältnisses $\frac{\text{Grundblechabmessungen}}{\text{Wellenlänge}}$. Es wurden dabei Widerstandsänderungen bis zu 20% beobachtet. Auf dieses resonanzartige Verhalten des Grundbleches sind offenbar die starken Streuungen der Meßpunkte bei den vorliegenden Widerstandsortskurven zurückzuführen.

2. *Richtdiagramme*

a) Anordnung zur Aufnahme von Richtdiagrammen

Als Meßplatz konnten wir ein Segelfluggelände benutzen. Sende- und Empfangsstation waren etwa 500m voneinander entfernt. Um möglichst frei zu werden

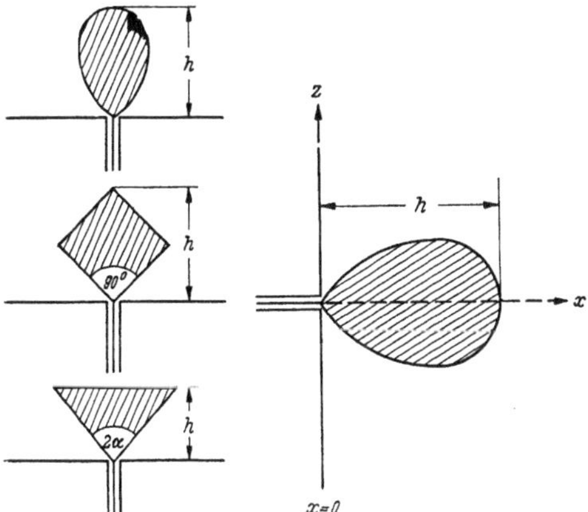

Abb. 20a. Axialsymmetrisch erregte ebene Flächenantennen

Abb. 20b. Halbe lemniskatenförmige ebene Flächenantenne, axialsymmetrisch erregt

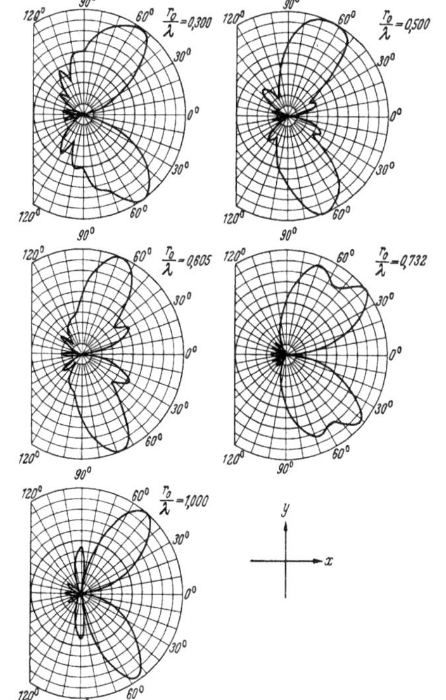

Abb. 21. Richtdiagramme des Systems Grundplatte — 90° Sektor. ——— xy-Ebene nach Abb. 1

von den an einer Bahnlinie und einer Industrieanlage hervorgerufenen Streufeldern, wurde als Sendeantenne eine Richtantenne aus 32 Lemniskatendipolen mit Reflektor aufgebaut. Die Symmetrisierung der von dem unsymmetrisch arbeitenden Sender geliefer-

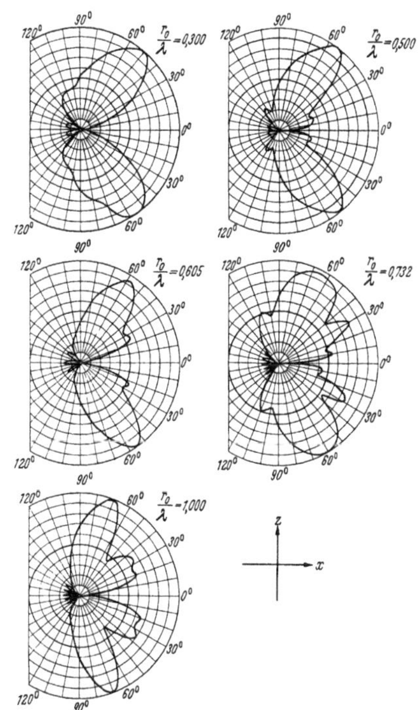

Abb. 22. Richtdiagramme des Systems Grundplatte — 90° Sektor. ——— xz-Ebene nach Abb. 1

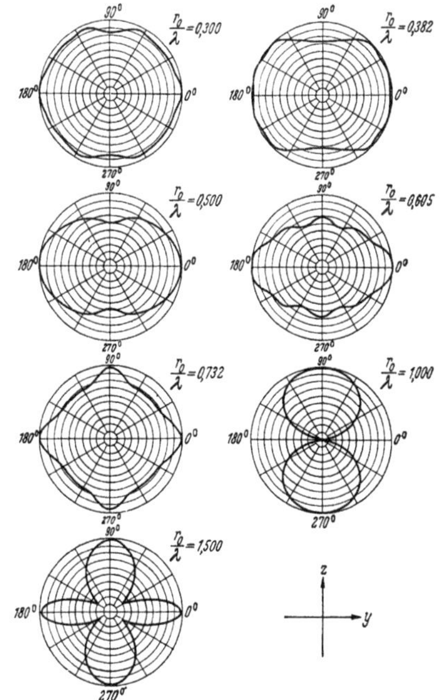

Abb. 23. Richtdiagramme des Systems Grundplatte — 90° Sektor. ——— yz-Ebene nach Abb. 1

ten Spannung geschah über eine kontinuierlich nachstellbare $\lambda/2$-Umwegleitung, die vom Verfasser als geschlitzte Koaxialleitung in der Art einer Meßleitung

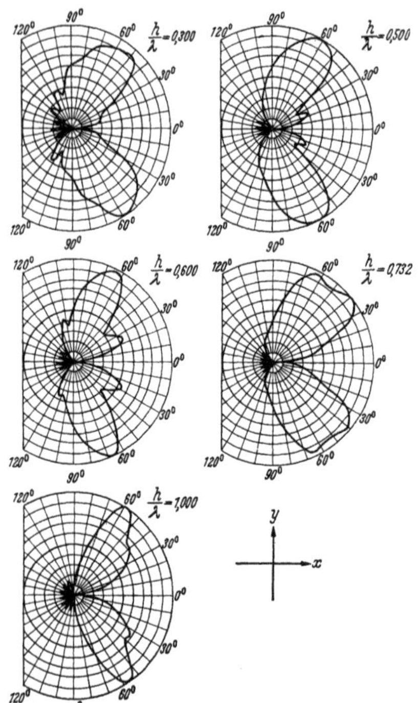

Abb. 24. Richtdiagramme des Systems Grundplatte—Halbe Lemniskate. ——— xy-Ebene nach Abb. 20b

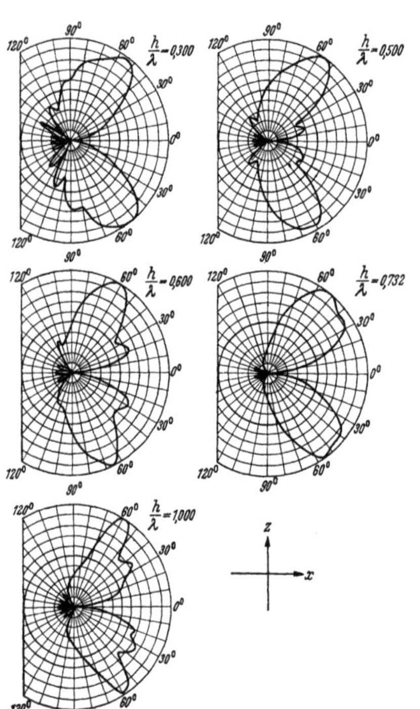

Abb. 25. Richtdiagramme des Systems Grundplatte—Halbe Lemniskate. ——— xz-Ebene nach Abb. 20b

entworfen wurde. Die durchzumessenden Antennen wurden als Empfangsantennen benutzt. Das System Grundplatte—Antenne befand sich auf dem Dach eines Meßstandes, der um seine Mittelachse drehbar war. Das quadratische Grundblech hatte eine Seitenlänge von 2 m, die Flächenantennen eine Höhe von 30 cm. Die Empfangsspannung an der Antenne wurde über eine Koaxialkabel auf ein Rohde & Schwarz-Empfangsgerät gegeben und dort abgelesen.

b) Richtdiagramme ebener Flächenantennen

Die so gemessenen Vertikaldiagramme des Systems Grundblech—90°-Sektor zeigen die Abb. 21 und

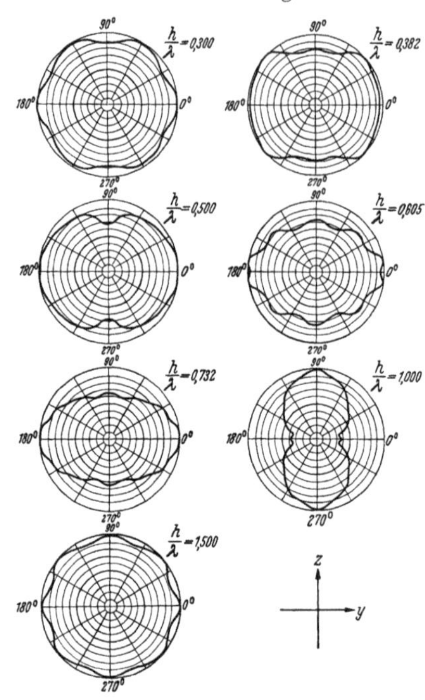

Abb. 26. Richtdiagramme des Systems Grundplatte—Halbe Lemniskate. ——— yz-Ebene nach Abb. 20b

22 bei verschiedenen Werten von $\varkappa r_0$. Die Vertikalkennlinien des Systems

Grundblech—Halbe Lemniskate

sind in Abb. 24 und 25 wiedergegeben. In unseren theoretischen Betrachtungen haben wir eine unendlich große Grundebene vorausgesetzt. Das unter dieser Voraussetzung berechnete Fernfeld ist aber sehr verschieden von dem Feld, das man bei Berücksichtigung einer endlichen Grundplatte erhält. Das bewiesen Leitner und Spence [21] durch Berechnung des Feldes einer $\lambda/4$-Stabantenne über einer runden, unendlich dünnen leitenden Platte. Die unter Benutzung der Wellenfunktionen des abgeplatteten Rotationsellipsoids und unter der Annahme einer sin-förmigen Stromverteilung auf der Antenne abgeleitete Lösung zeigt folgendes:

1. Richtdiagramme für verschiedene Verhältnisse

$$\frac{\text{Grundplattendurchmesser}}{\text{Wellenlänge}}$$

unterscheiden sich ziemlich stark voneinander und von dem Richtdiagramm einer $\lambda/4$-Stabantenne über unendlich ausgedehnter, sehr gut leitender Ebene.

2. Während diese die Energie am stärksten in eine Richtung senkrecht zur Antenne abstrahlt, strahlt das System, das aus einem endlichen Grundblech und einer $\lambda/4$-Stabantenne besteht, in eine andere Richtung.

3. Infolge des auch auf der Rückseite des endlichen Grundbleches fließenden Stromes ist eine insbesondere bei kleinen Werten des Verhältnisses

$$\frac{\text{Grundplattendurchmesser}}{\text{Wellenlänge}}$$

starke Rückstrahlung vorhanden.

Die gemessenen Vertikalkennlinien in den Abb. 21, 22, 24 und 25 bestätigen die beiden letzten Aussagen. Unsere berechneten Vertikaldiagramme, die das von dem endlichen Grundblech herrührende Streufeld nicht berücksichtigen, sind natürlich mit diesen gemessenen Diagrammen nicht vergleichbar.

Ein Vergleich zwischen Rechnung und Messung dürfte am ehesten bei den Horizontaldiagrammen durchzuführen sein. Allerdings wird auch hier das Streufeld der quadratischen Grundplatte eine Rolle spielen. Da ferner die Antenne maximal in eine Richtung schräg zur Grundebene strahlt, befindet man sich in dieser Ebene auf den Flanken der Hauptkeule. Es müssen deshalb hohe Anforderungen an die Meßgenauigkeit gestellt werden. Es wurde jeweils das gesamte Horizontaldiagramm gemessen. Da das Feld in allen vier Oktanten des betrachteten Halbraumes aus Symmetriegründen gleich groß sein muß, kann über die vier Meßwerte in einander entsprechenden Raumrichtungen gemittelt werden. Dann erhält man die wieder symmetrisch ergänzten Horizontaldiagramme in Abb. 23 für eine 90°-Kreissektor-Antenne.

Bis $r_0/\lambda = 0{,}732$ gibt unsere Rechnung (s. Abb. 13) qualitativ gut diese Messungen wieder. Oberhalb von $r_0/\lambda = 0{,}732$ konvergiert unsere Reihenentwicklung schlecht. Sie gibt uns bei $r_0/\lambda = 1{,}000$ nur noch einen Hinweis darauf, daß die Seitenstrahlung der Antenne die Vorwärtsstrahlung jetzt weit überwiegt, was durch die Messung bestätigt wird.

Die Horizontaldiagramme des Systems Grundblech—Halbe Lemniskate in Abb. 26 fallen bei kleinen Werten von $\varkappa \cdot h$ mit den entsprechenden Richtdiagrammen der 90°-Kreissektor-Antenne zusammen und weisen bei großen Werten von $\varkappa \cdot h$ geringere Einschnürungen auf als diese. Auch hierin kann man eine Verbesserung der Breitbandigkeit gegenüber der 90°-Kreissektor-Antenne sehen.

Zusammenfassung

In Anlehnung an Arbeiten von SCHELKUNOFF und PAPAS u. KING über rotationssymmetrische Kegelantennen wird die Feldtheorie einer nichtrotationssymmetrischen Antenne entwickelt. Als spezielle Lösung der Maxwellschen Gleichungen gewinnt man die Lecher-Welle in einer elliptischen Kegelleitung. Die Sektorleitung ist eine entartete elliptische Kegelleitung. Ihr Wellenwiderstand wird angegeben.

Eine allgemeine Lösung der Maxwellschen Gleichungen führt zu den E-Wellen und H-Wellen der Sektorleitung. Die radiale Komponente des elektrischen bzw. magnetischen Strahlungsvektors wird nach Laméschen Produkten und sphärischen Zylinderfunktionen entwickelt. Das Strahlungsfeld einer Kreissektor-Antenne wird durch Kugelwellen elektrischen Typs dargestellt. Theoretischer und experimenteller Befund stimmen bei einer Kreissektor-Antenne mit einem Öffnungswinkel von 90° befriedigend überein. Bei den Widerstands- und Richtdiagramm-Messungen wurden unsymmetrische Antennen benutzt.

Unter allen Kreissektor-Antennen besitzt die mit einem Öffnungswinkel von 90° optimales Breitbandverhalten. Leitungstheoretische Überlegungen zur Verbesserung der Breitbandigkeit führen zur lemniskatenförmigen ebenen Flächenantenne. Die berechnete Stromdichteverteilung auf Kreissektor-Antennen zeigt das erwartete Verhalten: Maximale Stromdichte an den Kanten des Sektors, minimale Stromdichte in der Mitte des Sektors.

Diese Arbeit wurde in den Jahren 1956 bis 1959 im Institut für Angewandte Physik der Universität Marburg a.d. Lahn angefertigt. Ich möchte an dieser Stelle meinem hochverehrten Lehrer, Herrn Professor Dr. WOLTER, für die Überlassung des Themas, für wertvolle Anregungen und für die Förderung der Arbeit danken. Der Deutschen Forschungsgemeinschaft bin ich für die Bereitstellung umfangreicher experimenteller Hilfsmittel zu großem Dank verpflichtet.

Literatur: [1] BROWN, G.H., and O.M. WOODWARD: RCA-Review **13**, 425 (1952). — [2] LAMBERTS, K., and L. PUNGS: FTZ **3**, 169 (1950). — [3] LAMBERTS, K.: Frequenz **5**, 184 (1951). — [4] LINTON, R.L.: Proc. Inst. Radio Engrs. **39**, 1436 (1951). — [5] WOLTER, H.: Z. angew. Phys. **4**, 60 (1952). — [6] ARLT, G.: Z. angew. Phys. **9**, 379 (1957). — [7] SCHELKUNOFF, S.A.: Proc. Inst. Radio Engrs. **29**, 9 (1941). — SCHELKUNOFF, S.A.: Proc. Inst. Radio Engrs. **34**, 1 (1946). — [8] BORGNIS, F.E., u. C.H. PAPAS: Randwertprobleme der Mikrowellenphysik, S. 187ff. Berlin-Göttingen-Heidelberg: Springer 1955. — [9] ZUHRT, H.: Elektromagnetische Strahlungsfelder, S. 236ff. Berlin-Göttingen-Heidelberg: Springer 1953. — [10] HEINE, E.: Handbuch der Kugelfunktionen, Bd. 1, S. 347ff. Berlin: Reimer 1878. — [11] HOBSON, E.W.: The Theory of Spherical and Ellipsoidal Harmonics, S. 454ff. Cambridge: Cambridge University Press 1931. — [12] MAGNUS, W., u. F. OBERHETTINGER: Formeln und Sätze für die speziellen Funktionen der mathematischen Physik, S. 132 u. 191. Berlin-Göttingen-Heidelberg: Springer 1948. — [13] STRUTT, M.J.O.: Ergebn. Math. u. Grenzgeb. **1**, 55 (1932). — [14] SOMMERFELD, A.: Vorlesungen über theoretische Physik, Bd. 6, S. 99 u. 102. Wiesbaden: Dietrichsche Verlagsbuchhandlung 1947. — [15] MORSE, P.M., and H. FESHBACH: Methods of Theoretical Physics, S. 1477. New York-Toronto-London: McGraw Hill Book Company 1953. — [16] Tables of Spherical Bessel Functions. Mathematical Tables Project. U.S. National Bureau of Standards, Vol. I. New York: Columbia University Press 1947. — [17] GRÖBNER, W., u. N. HOFREITER: Integraltafel, Teil I, S. 37 u. 163, Teil II S. 48. Wien u. Innsbruck: Springer 1949. — [18] MILNE-THOMSON, L. M.: Die elliptischen Funktionen von JACOBI, S. X. Berlin: Springer 1931. — [19] BOOKER, H.G.: J. Inst. Electr. Engrs. **93**, 626 (1946). — [20] MEIERS, A.S., and W.P. SUMMERS: Proc. Inst. Radio Engrs. **37**, 6 (1949). — [21] LEITNER, A., and R.D. SPENCE: J. Appl. Phys. **21**, 1001 (1950).

SIEGFRIED BLUME,
Institut für angewandte Physik
der Universität Marburg

Lebenslauf

Am 25. November 1933 wurde ich, Siegfried Blume, als Sohn des Holzmeisters Bernhard Blume und seiner Ehefrau Rosa, geb. Swidurski, in Wanne-Eickel geboren.

Von 1940 bis 1944 besuchte ich die Grundschule in Wanne-Eickel und war anschließend bis zum Ende des Jahres 1944 Schüler der nach Stolp (Pommern) evakuierten Bochumer Oberrealschule. Nach dem Zusammenbruch Deutschlands lebte ich ein und ein halbes Jahr in verschiedenen Flüchtlingslagern in Dänemark. Im Dezember 1946 kehrte ich nach Wanne-Eickel zurück und bestand am 22. Februar 1952 die Reifeprüfung an dem dortigen neusprachlichen und mathematisch-naturwissenschaftlichen Gymnasium.

Nach zwei Semestern Rechtswissenschaft an der Universität Münster begann ich im Sommersemester 1953 das Studium der Physik an der Philipps-Universität in Marburg/Lahn. Am 24. Oktober 1955 legte ich dort die Diplom-Vorprüfung in Physik ab. Im Wintersemester 1955/56 studierte ich an der Albert-Ludwigs-Universität in Freiburg/Breisgau.

Insgesamt belegte ich 12 Semester lang die Fächer Physik, Mathematik und Chemie. Meine akademischen Lehrer in diesen drei Fächern waren die Herren Professoren und Dozenten: Becker, Dimroth, Doetsch, Eichler, Flügge, Hermann, Hock, Hönl, Hückel, Huster, Krafft, Madelung, Mahr, Rawer, Rothstein, Schmidt, Süss, Vogt, Walcher, Wolter.

GPSR Compliance
The European Union's (EU) General Product Safety Regulation (GPSR) is a set of rules that requires consumer products to be safe and our obligations to ensure this.

If you have any concerns about our products, you can contact us on

ProductSafety@springernature.com

In case Publisher is established outside the EU, the EU authorized representative is:

Springer Nature Customer Service Center GmbH
Europaplatz 3
69115 Heidelberg, Germany

www.ingramcontent.com/pod-product-compliance
Ingram Content Group UK Ltd.
Pitfield, Milton Keynes, MK11 3LW, UK
UKHW021930190726
13853UKWH00002B/971

* 9 7 8 3 6 6 2 2 3 7 1 3 7 *